# 目录
## contents

# 二次型

# 特征值与特征向量

## (一)特征值与特征向量的定义

设 $A$ 为 $n$ 阶矩阵,若存在常数 $\lambda$ 和非零 $n$ 维列向量 $\boldsymbol{\alpha}$,使 $A\boldsymbol{\alpha}=\lambda\boldsymbol{\alpha}$,则称 $\lambda$ 为 $A$ 的特征值,$\boldsymbol{\alpha}$ 是 $A$ 的属于特征值 $\lambda$ 的特征向量.

## (二)特征值与特征向量的求解

1.写出矩阵 $A$ 的特征多项式 $f(\lambda)=|A-\lambda E|$;

2.解出特征方程 $f(\lambda)=0$ 的根 $\lambda_i(i=1,2,\cdots n)$ 即为矩阵 $A$ 的 $n$ 个特征值;

3.求齐次线性方程组 $(A-\lambda_i E)x=0$ 的基础解系 $p_1,p_2,\cdots,p_{n-r}$,则

$$k_1 p_1 + k_2 p_2 \cdots + k_{n-r} p_{n-r}$$

为 $A$ 的属于 $\lambda_i$ 的全部特征向量,其中 $k_1,k_2,\cdots,k_{n-r}$ 不全为零,$r=R(A-\lambda_i E)$.

## (三)特征值与特征向量的性质

**性质1** 设 $n$ 阶矩阵 $A=(a_{ij})$ 的特征值为 $\lambda_1,\lambda_2,\cdots,\lambda_n$,则

1.$\lambda_1+\lambda_2+\cdots+\lambda_n=a_{11}+a_{22}+\cdots a_{nn}=\mathrm{tr}(A)$;

2.$\lambda_1\lambda_2\cdots\lambda_n=|A|$.

**性质2** 如果 $p_1,p_2,\cdots,p_s$ 都是 $A$ 的属于特征值 $\lambda$ 的特征向量,那么对任意不全为零的常数 $k_1,k_2,\cdots,k_s,k_1 p_1+k_2 p_2+\cdots+k_s p_s$ 也是矩阵 $A$ 的属于特征值 $\lambda$ 的特征向量.

**性质3** 设 $\lambda_1,\lambda_2,\cdots,\lambda_m$ 是方阵 $A$ 的 $m$ 个特征值,$p_1,p_2,\cdots,p_m$ 为依次与之对应的特征向量,如果 $\lambda_1,\lambda_2,\cdots,\lambda_m$ 各不相同,则 $p_1,p_2,\cdots,p_m$ 线性无关,即方阵 $A$ 的属于不同特征值的特征向量线性无关.

**性质4** 设 $\lambda_1,\lambda_2$ 是方阵 $A$ 的两个不同特征值,$p_1,p_2,\cdots,p_s$ 和 $q_1,q_2,\cdots,q_t$ 分别是对应于 $\lambda_1,\lambda_2$ 的线性无关的特征向量,则 $p_1,p_2,\cdots,p_s$ 和 $q_1,q_2,\cdots,q_t$ 线性无关.

**性质5** 如果 $\lambda$ 是 $n$ 阶矩阵 $A$ 的 $m$ 重特征值,则属于 $\lambda$ 的线性无关特征向量的个数不超过 $m$ 个.

相关重要结论

| 矩阵 | $A$ | $kA$ | $A^k$ | $\varphi(A)$ | $A^{-1}$ | $A^*$ | $A^T$ | $P^{-1}AP$ |
|---|---|---|---|---|---|---|---|---|
| 特征值 | $\lambda$ | $k\lambda$ | $\lambda^k$ | $\varphi(\lambda)$ | $\dfrac{1}{\lambda}$ | $\dfrac{|A|}{\lambda}$ | $\lambda$ | $\lambda$ |
| 特征向量 | $x$ | $x$ | $x$ | $x$ | $x$ | $x$ | 不一定是 $x$ | $P^{-1}x$ |

【注】这里 $\varphi(\lambda)=a_0+a_1\lambda+\cdots+a_m\lambda^m$,$\varphi(A)=a_0+a_1 A+\cdots+a_m A^m$.

## 📐 | 进阶专项题

### 题型1 特征值与特征向量的概念

**⚡一阶溯源**

**例1** 若 $\boldsymbol{\alpha} = (2,1)^{\mathrm{T}}$ 是矩阵 $\boldsymbol{A} = \begin{pmatrix} -3 & 4 \\ -2 & 3 \end{pmatrix}$ 的特征向量,则对应的特征值 $\lambda =$ _____.

【答案】$-1$

**线索**

已知特征向量求特征值,用定义 $\boldsymbol{A}\boldsymbol{\alpha} = \lambda\boldsymbol{\alpha}$ 求解即可.

【解析】由于 $\boldsymbol{A}\boldsymbol{\alpha} = \begin{pmatrix} -3 & 4 \\ -2 & 3 \end{pmatrix}\begin{pmatrix} 2 \\ 1 \end{pmatrix} = \begin{pmatrix} -2 \\ -1 \end{pmatrix} = -1 \cdot \begin{pmatrix} 2 \\ 1 \end{pmatrix}$,所以 $\lambda = -1$ 是特征向量 $\boldsymbol{\alpha} = \begin{pmatrix} 2 \\ 1 \end{pmatrix}$ 对应的特征值.

**例2** 若 $\boldsymbol{A} = \begin{pmatrix} 1 & -1 & 1 \\ 2 & -2 & 2 \\ -1 & 1 & -1 \end{pmatrix}$,则下列选项中为 $\boldsymbol{A}$ 的特征向量的是( ).

(A)$(1,2,1)^{\mathrm{T}}$      (B)$(1,2,-1)^{\mathrm{T}}$      (C)$(1,-2,1)^{\mathrm{T}}$      (D)$(-1,2,1)^{\mathrm{T}}$

【答案】(B)

**线索**

是不是特征向量只需验证是否满足 $\boldsymbol{A}\boldsymbol{\alpha} = \lambda\boldsymbol{\alpha}$ 即可.

【解析】因为 $\boldsymbol{A}\begin{pmatrix} 1 \\ 2 \\ -1 \end{pmatrix} = \begin{pmatrix} 1 & -1 & 1 \\ 2 & -2 & 2 \\ -1 & 1 & -1 \end{pmatrix}\begin{pmatrix} 1 \\ 2 \\ -1 \end{pmatrix} = \begin{pmatrix} -2 \\ -4 \\ 2 \end{pmatrix} = -2 \cdot \begin{pmatrix} 1 \\ 2 \\ -1 \end{pmatrix}$,所以 $\begin{pmatrix} 1 \\ 2 \\ -1 \end{pmatrix}$ 为特征

值 $\lambda = -2$ 对应的特征向量.

**例3** 若 $\boldsymbol{A} = \begin{pmatrix} 3 & 2 & -2 \\ 0 & -1 & 0 \\ 4 & 2 & -3 \end{pmatrix}$,则 $\boldsymbol{A}$ 的特征向量不能是( ).

(A)$(-1,2,0)^{\mathrm{T}}$      (B)$(0,1,1)^{\mathrm{T}}$      (C)$(1,0,1)^{\mathrm{T}}$      (D)$(1,-2,1)^{\mathrm{T}}$

【答案】(D)

**线索**

验证满足 $\boldsymbol{A}\boldsymbol{\alpha} \neq \lambda\boldsymbol{\alpha}$ 即可.

【解析】因为 $\boldsymbol{A}\begin{pmatrix} 1 \\ -2 \\ 1 \end{pmatrix} = \begin{pmatrix} 3 & 2 & -2 \\ 0 & -1 & 0 \\ 4 & 2 & -3 \end{pmatrix}\begin{pmatrix} 1 \\ -2 \\ 1 \end{pmatrix} = \begin{pmatrix} -3 \\ 2 \\ -3 \end{pmatrix}$,不满足 $\boldsymbol{A}\boldsymbol{\alpha} \neq \lambda\boldsymbol{\alpha}$,所以 $\begin{pmatrix} 1 \\ -2 \\ 1 \end{pmatrix}$ 不是

$A$ 的特征向量.

**二阶提炼**

例4 若 $\boldsymbol{\alpha}=(1,-2,-3)^{\mathrm{T}}$ 是矩阵 $\boldsymbol{A}=\begin{pmatrix} 1 & -1 & 1 \\ a & 4 & -2 \\ -3 & 3 & b \end{pmatrix}$ 的特征向量,则 $a=\underline{\quad\quad}$,

$b=\underline{\quad\quad}$.

【答案】$2,-3$

【解析】设 $\boldsymbol{A\alpha}=\begin{pmatrix} 1 & -1 & 1 \\ a & 4 & -2 \\ -3 & 3 & b \end{pmatrix}\begin{pmatrix} 1 \\ -2 \\ -3 \end{pmatrix}=k\begin{pmatrix} 1 \\ -2 \\ -3 \end{pmatrix}$,解得 $k=0$,则

$$\begin{cases} a-8+6=0, \\ -3-6-3b=0 \end{cases} \Rightarrow \begin{cases} a=2, \\ b=-3. \end{cases}$$

例5 给定矩阵 $\boldsymbol{A}=\begin{pmatrix} 1 & -1 & 2 \\ 2 & -2 & 4 \\ -1 & 1 & -2 \end{pmatrix}$,则 $\boldsymbol{A}$ 关于特征值 $\lambda=0$ 的特征向量为 $\underline{\quad\quad}$.

【答案】$k_1(1,1,0)^{\mathrm{T}}+k_2(-2,0,1)^{\mathrm{T}}$,$k_1,k_2$ 不全为零

【解析】因为 $\boldsymbol{A}=\begin{pmatrix} 1 & -1 & 2 \\ 2 & -2 & 4 \\ -1 & 1 & -2 \end{pmatrix} \rightarrow \begin{pmatrix} 1 & -1 & 2 \\ 0 & 0 & 0 \\ 0 & 0 & 0 \end{pmatrix}$,则 $\boldsymbol{A}$ 的基础解系为 $\boldsymbol{\xi}_1=(1,1,0)^{\mathrm{T}}$,

$\boldsymbol{\xi}_2=(0,2,1)^{\mathrm{T}}$,所以 $\lambda=0$ 对应的特征向量为 $k_1(1,1,0)^{\mathrm{T}}+k_2(0,2,1)^{\mathrm{T}}$,$k_1,k_2$ 不全为零.

例6 令 $\boldsymbol{\alpha}=(1,-1,a)^{\mathrm{T}}$,$\boldsymbol{\beta}=(1,a,1)^{\mathrm{T}}$,且 $\boldsymbol{A}=2\boldsymbol{E}+\boldsymbol{\alpha\beta}^{\mathrm{T}}$,则 $\boldsymbol{A}$ 的特征向量 $\boldsymbol{\alpha}$ 对应的特征值 $\lambda=\underline{\quad\quad}$.

【答案】$3$

【解析】由 $\boldsymbol{A\alpha}=(2\boldsymbol{E}+\boldsymbol{\alpha\beta}^{\mathrm{T}})\boldsymbol{\alpha}=2\boldsymbol{\alpha}+\boldsymbol{\alpha\beta}^{\mathrm{T}}\boldsymbol{\alpha}=2\boldsymbol{\alpha}+\boldsymbol{\alpha}\cdot 1=3\boldsymbol{\alpha}$,得 $\lambda=3$.

**三阶突破**

例7 若 $\boldsymbol{\alpha},\boldsymbol{\beta}$ 均为 $3$ 阶非零列向量,且 $(\boldsymbol{\alpha},\boldsymbol{\beta})=1$,则 $\boldsymbol{A}=\boldsymbol{\alpha\beta}^{\mathrm{T}}$ 的全部特征值为 $\underline{\quad\quad}$.

【答案】$\lambda_1=\lambda_2=0,\lambda_3=1$

**线索**

依据定义 $\boldsymbol{A\alpha}=\lambda\boldsymbol{\alpha}$ 与性质 $\mathrm{tr}(\boldsymbol{A})=\sum\limits_{i=1}^{n}\lambda_i$,$|\boldsymbol{A}|=\prod\limits_{i=1}^{n}\lambda_i$ 求解即可.

【解析】由 $(\boldsymbol{\alpha},\boldsymbol{\beta})=1$,得 $\boldsymbol{\beta}^{\mathrm{T}}\boldsymbol{\alpha}=1$,所以 $\boldsymbol{A\alpha}=\boldsymbol{\alpha}(\boldsymbol{\beta}^{\mathrm{T}}\boldsymbol{\alpha})=1\cdot\boldsymbol{\alpha}$,即 $\lambda=1$ 是 $\boldsymbol{A}=\boldsymbol{\alpha\beta}^{\mathrm{T}}$ 的一个特征值.

又因为 $R(\boldsymbol{A})=1,\mathrm{tr}(\boldsymbol{A})=(\boldsymbol{\alpha},\boldsymbol{\beta})$,所以有 $\lambda_1+\lambda_2+\lambda_3=1,\lambda_1\lambda_2\lambda_3=0$,得

$$\lambda_1=\lambda_2=0,\lambda_3=1.$$

**题型2** 一般方阵中特征值的求解

**一阶溯源**

**例1** 矩阵 $\boldsymbol{A}=\begin{pmatrix} 1 & 3 \\ -1 & 5 \end{pmatrix}$，则 $\boldsymbol{A}$ 的全部特征值为_____.

【答案】$\lambda_1=2,\lambda_2=4$

**线索**

用行列式与迹，或者 $|\lambda\boldsymbol{E}-\boldsymbol{A}|=0$ 求解特征值.

【解析】**方法一**：由

$$|\lambda\boldsymbol{E}-\boldsymbol{A}|=\begin{vmatrix} \lambda-1 & -3 \\ 1 & \lambda-5 \end{vmatrix}=\lambda^2-6\lambda+8=0$$

得 $\lambda_1=2,\lambda_2=4$.

**方法二**：由 $|\boldsymbol{A}|=8,\operatorname{tr}(\boldsymbol{A})=6$，即 $\lambda_1+\lambda_2=6,\lambda_1\lambda_2=8$，得 $\lambda_1=2,\lambda_2=4$.

**例2** 矩阵 $\boldsymbol{A}=\begin{pmatrix} 0 & \dfrac{1}{2} & 0 \\ 2 & 0 & 1 \\ 0 & 0 & 3 \end{pmatrix}$，则 $\boldsymbol{A}$ 的全部特征值为_____.

【答案】$\lambda_1=-1,\lambda_2=1,\lambda_3=3$

**线索**

用 $|\lambda\boldsymbol{E}-\boldsymbol{A}|=0$ 求解.

【解析】由

$$|\lambda\boldsymbol{E}-\boldsymbol{A}|=\begin{vmatrix} \lambda & -\dfrac{1}{2} & 0 \\ -2 & \lambda & -1 \\ 0 & 0 & \lambda-3 \end{vmatrix}=(\lambda-3)\begin{vmatrix} \lambda & -\dfrac{1}{2} \\ -2 & \lambda \end{vmatrix}=(\lambda-3)(\lambda^2-1)=0$$

得 $\lambda_1=-1,\lambda_2=1,\lambda_3=3$.

**二阶提炼**

**例3** 矩阵 $\boldsymbol{A}=\begin{pmatrix} 1 & -1 & 0 \\ 1 & 2 & -1 \\ 0 & -1 & 1 \end{pmatrix}$，则 $\boldsymbol{A}$ 的全部特征值为_____.

【答案】$\lambda_1=\lambda_2=1,\lambda_3=2$

【解析】由

$$|\lambda\boldsymbol{E}-\boldsymbol{A}|=\begin{vmatrix} \lambda-1 & 1 & 0 \\ -1 & \lambda-2 & 1 \\ 0 & 1 & \lambda-1 \end{vmatrix}\xlongequal{r_1-r_3}\begin{vmatrix} \lambda-1 & 0 & 1-\lambda \\ -1 & \lambda-2 & 1 \\ 0 & 1 & \lambda-1 \end{vmatrix}$$

$$=(\lambda-1)\begin{vmatrix}1&0&-1\\-1&\lambda-2&1\\0&1&\lambda-1\end{vmatrix}\xlongequal{r_2+r_1}(\lambda-1)\begin{vmatrix}1&0&-1\\0&\lambda-2&0\\0&1&\lambda-1\end{vmatrix}$$

$$=(\lambda-1)^2(\lambda-2)=0$$

得 $\lambda_1=\lambda_2=1,\lambda_3=2.$

**例4** 矩阵 $\boldsymbol{A}=\begin{pmatrix}1&-2&-3\\-2&1&0\\-3&-3&-1\end{pmatrix}$，则

(1)$\boldsymbol{A}$ 的特征值为_____;(2)$\boldsymbol{A}^{-1}$ 的特征值为_____.

【答案】$\lambda_1=-4,\lambda_2=2,\lambda_3=3;\lambda_1=-\dfrac{1}{4},\lambda_2=\dfrac{1}{2},\lambda_3=\dfrac{1}{3}$

【解析】(1) 由

$$|\lambda\boldsymbol{E}-\boldsymbol{A}|=\begin{vmatrix}\lambda-1&2&3\\2&\lambda-1&0\\3&3&\lambda+1\end{vmatrix}\xlongequal{r_1+r_2+r_3}\begin{vmatrix}\lambda+4&\lambda+4&\lambda+4\\2&\lambda-1&0\\3&3&\lambda+1\end{vmatrix}$$

$$=(\lambda+4)\begin{vmatrix}1&1&1\\2&\lambda-1&0\\3&3&\lambda+1\end{vmatrix}\xlongequal[r_2-2r_1]{r_3-3r_1}(\lambda+4)\begin{vmatrix}1&1&1\\0&\lambda-3&-2\\0&0&\lambda-2\end{vmatrix}$$

$$=(\lambda+4)(\lambda-2)(\lambda-3)=0$$

得 $\lambda_1=-4,\lambda_2=2,\lambda_3=3.$

(2)$\boldsymbol{A}$ 的特征值与 $\boldsymbol{A}^{-1}$ 的特征值互为倒数,所以 $\boldsymbol{A}^{-1}$ 的特征值为 $\lambda_1=-\dfrac{1}{4},\lambda_2=\dfrac{1}{2},\lambda_3=\dfrac{1}{3}.$

**小结**

(1) 求 $|\lambda\boldsymbol{E}-\boldsymbol{A}|=0$ 时最好能找出公因式,比如三行加到一起,提出公因式这样方便运算;(2) 求 $\boldsymbol{A}^{-1}$ 的特征值用结论求解.

**三阶突破**

**例5** 矩阵 $\boldsymbol{A}=\begin{pmatrix}2&2&-1\\3&-3&3\\1&2&0\end{pmatrix}$，则

(1)$\boldsymbol{A}$ 的特征值为_____;(2)$\boldsymbol{A}^*$ 的特征值为_____.

【答案】$\lambda_1=3,\lambda_2=1,\lambda_3=-5;\lambda_1=-5,\lambda_2=-15,\lambda_3=3$

**线索**

(1) 用 $|\lambda\boldsymbol{E}-\boldsymbol{A}|=0$ 求解;(2)$\boldsymbol{A}^*$ 的特征值用结论求解.

【解析】(1) 由

$$|\lambda E - A| = \begin{vmatrix} \lambda-2 & -2 & 1 \\ -3 & \lambda+3 & -3 \\ -1 & -2 & \lambda \end{vmatrix} \xrightarrow[r_2+3r_1]{r_3-r_1} \begin{vmatrix} \lambda-2 & -2 & 1 \\ 3\lambda-9 & \lambda-3 & 0 \\ 1-\lambda & 0 & \lambda-1 \end{vmatrix}$$

$$= (\lambda-3)(\lambda-1) \begin{vmatrix} \lambda-2 & -2 & 1 \\ 3 & 1 & 0 \\ -1 & 0 & 1 \end{vmatrix} = 0$$

得 $\lambda_1 = 3, \lambda_2 = 1$.

**方法一**：因为

$$\begin{vmatrix} \lambda-2 & -2 & 1 \\ 3 & 1 & 0 \\ -1 & 0 & 1 \end{vmatrix} = \lambda+5,$$

所以 $|\lambda E - A| = (\lambda-3)(\lambda-1)(\lambda+5) = 0$，得 $\lambda_1 = 3, \lambda_2 = 1, \lambda_3 = -5$.

**方法二**：由 $\mathrm{tr}(A) = \lambda_1 + \lambda_2 + \lambda_3 = 2-3+0 = -1$ 得 $3+1+\lambda_3 = -1$，即 $\lambda_3 = -5$.

(2) 由(1)可知：$|A| = -15$，$A^*$ 的特征值等于 $\dfrac{|A|}{\lambda}$，所以 $A^*$ 的特征值为

$$\lambda_1 = -5, \lambda_2 = -15, \lambda_3 = 3.$$

**小结**

在 $|\lambda E - A| = 0$ 能找出两个公因式，则第三个特征值用矩阵的迹求解更简单.

**例6** 矩阵 $A = \begin{pmatrix} 1 & -1 & -1 \\ 2 & 0 & -2 \\ -3 & -1 & 3 \end{pmatrix}$，则 $A$ 的 3 个特征值为（　　）.

(A) 0,4,4　　　　(B) 0,0,4　　　　(C) 1,0,3　　　　(D) 1,1,2

【答案】(B)

**线索**

特征值的性质.

【解析】**方法一**：由 $\mathrm{tr}(A) = 4$，排除(A)；

由 $|A| = \begin{vmatrix} 1 & -1 & -1 \\ 2 & 0 & -2 \\ -3 & -1 & 3 \end{vmatrix} = 0$，排除(D)；

当 $\lambda_1 = 1$ 时，由 $|1 \cdot E - A| = \begin{vmatrix} 0 & 1 & 1 \\ -2 & 1 & 2 \\ 3 & 1 & -2 \end{vmatrix} = -6 \neq 0$，排除(C).

故选(B).

**方法二**:由

$$|\lambda \boldsymbol{E} - \boldsymbol{A}| = \begin{vmatrix} \lambda-1 & 1 & 1 \\ -2 & \lambda & 2 \\ 3 & 1 & \lambda-3 \end{vmatrix} \xrightarrow{r_3-r_1} \begin{vmatrix} \lambda-1 & 1 & 1 \\ -2 & \lambda & 2 \\ 4-\lambda & 0 & \lambda-4 \end{vmatrix}$$

$$= (\lambda-4) \begin{vmatrix} \lambda-1 & 1 & 1 \\ -2 & \lambda & 2 \\ -1 & 0 & 1 \end{vmatrix} \xrightarrow[r_2-2r_3]{r_1-r_3} (\lambda-4) \begin{vmatrix} \lambda & 1 & 0 \\ 0 & \lambda & 0 \\ -1 & 0 & 1 \end{vmatrix}$$

$$= \lambda^2(\lambda-4) = 0$$

得 $\lambda_1 = \lambda_2 = 0, \lambda_3 = 4$.

**小结**

对于选择题,用特征值的性质 $\operatorname{tr}(\boldsymbol{A}) = \sum_{i=1}^{n} \lambda_i$,$|\boldsymbol{A}| = \prod_{i=1}^{n} \lambda_i$ 排除比用 $|\lambda \boldsymbol{E} - \boldsymbol{A}| = 0$ 求解更为快速.

**题型3** 特殊方阵中特征值的求解

**一阶溯源**

**例1** 矩阵 $\boldsymbol{A} = \begin{pmatrix} 1 & 0 & 0 \\ 0 & 1 & 0 \\ 0 & 0 & 3 \end{pmatrix}$,则 $\boldsymbol{A}$ 的特征值为 _____.

【答案】$\lambda_1 = \lambda_2 = 1, \lambda_3 = 3$

**线索**

对角矩阵的主对角线元素就是特征值.

【解析】由

$$|\lambda \boldsymbol{E} - \boldsymbol{A}| = \begin{vmatrix} \lambda-1 & 0 & 0 \\ 0 & \lambda-1 & 0 \\ 0 & 0 & \lambda-3 \end{vmatrix} = (\lambda-1)^2(\lambda-3) = 0$$

得 $\lambda_1 = \lambda_2 = 1, \lambda_3 = 3$.

**例2** 矩阵 $\boldsymbol{A} = \begin{pmatrix} 1 & 0 & 0 \\ -1 & 2 & 0 \\ 1 & 0 & 3 \end{pmatrix}$,则 $\boldsymbol{A}$ 的特征值为 _____.

【答案】$\lambda_1 = 1, \lambda_2 = 2, \lambda_3 = 3$

**线索**

下三角矩阵的主对角线元素就是特征值.

【解析】由

$$| \lambda E - A | = \begin{vmatrix} \lambda - 1 & 0 & 0 \\ 1 & \lambda - 2 & 0 \\ -1 & 0 & \lambda - 3 \end{vmatrix} = (\lambda - 1)(\lambda - 2)(\lambda - 3) = 0$$

得 $\lambda_1 = 1, \lambda_2 = 2, \lambda_3 = 3$.

例3 矩阵 $A = \begin{pmatrix} 1 & -1 & 4 \\ 0 & -2 & -1 \\ 0 & 0 & 1 \end{pmatrix}$，则 $A$ 的全部特征值为_____.

【答案】$\lambda_1 = \lambda_2 = 1, \lambda_3 = -2$

线索

上三角矩阵的主对角线元素就是特征值.

【解析】由

$$| \lambda E - A | = \begin{vmatrix} \lambda - 1 & 1 & -4 \\ 0 & \lambda + 2 & 1 \\ 0 & 0 & \lambda - 1 \end{vmatrix} = (\lambda - 1)^2 (\lambda + 2) = 0$$

得 $\lambda_1 = \lambda_2 = 1, \lambda_3 = -2$.

二阶提炼

例4 矩阵 $A = \begin{pmatrix} 3 & 1 & 0 \\ 5 & -1 & 0 \\ 0 & 0 & 2 \end{pmatrix}$，则 $A$ 的全部特征值为_____.

【答案】$\lambda_1 = -2, \lambda_2 = 2, \lambda_3 = 4$

【解析】**方法一**：由

$$| \lambda E - A | = \begin{vmatrix} \lambda - 3 & -1 & 0 \\ -5 & \lambda + 1 & 0 \\ 0 & 0 & \lambda - 2 \end{vmatrix} = (\lambda - 2)(\lambda + 2)(\lambda - 4) = 0$$

得 $\lambda_1 = -2, \lambda_2 = 2, \lambda_3 = 4$.

**方法二**：令 $A = \begin{pmatrix} 3 & 1 & 0 \\ 5 & -1 & 0 \\ 0 & 0 & 2 \end{pmatrix} = \begin{pmatrix} B & O \\ O & C \end{pmatrix}$，其中 $B = \begin{pmatrix} 3 & 1 \\ 5 & -1 \end{pmatrix}$，$C = (2)$.

由

$$| \lambda E - B | = \begin{vmatrix} \lambda - 3 & -1 \\ -5 & \lambda + 1 \end{vmatrix} = (\lambda + 2)(\lambda - 4) = 0$$

得 $\lambda_1 = -2, \lambda_2 = 4$.

由

$$| \lambda E - C | = 0$$

得 $\lambda_3 = 2$.

**例5** 矩阵 $\boldsymbol{A} = \begin{pmatrix} -1 & 1 & 0 & 0 \\ -4 & 3 & 0 & 0 \\ 0 & 0 & 1 & 0 \\ 0 & 0 & 2 & 3 \end{pmatrix}$,则

(1)$\boldsymbol{A}$ 的特征值为_____;(2) $|\boldsymbol{A} + a\boldsymbol{E}| = $_____.

【答案】$\lambda_1 = \lambda_2 = \lambda_3 = 1, \lambda_4 = 3$;$(a+1)^3(a+3)$

【解析】(1) 令 $\boldsymbol{A} = \begin{pmatrix} -1 & 1 & 0 & 0 \\ -4 & 3 & 0 & 0 \\ 0 & 0 & 1 & 0 \\ 0 & 0 & 2 & 3 \end{pmatrix} = \begin{pmatrix} \boldsymbol{B} & \boldsymbol{O} \\ \boldsymbol{O} & \boldsymbol{C} \end{pmatrix}$,其中 $\boldsymbol{B} = \begin{pmatrix} -1 & 1 \\ -4 & 3 \end{pmatrix}$,$\boldsymbol{C} = \begin{pmatrix} 1 & 0 \\ 2 & 3 \end{pmatrix}$.

由 $|\boldsymbol{B}| = 1 = \lambda_1\lambda_2, \mathrm{tr}(\boldsymbol{B}) = 2 = \lambda_1 + \lambda_2$,得 $\lambda_1 = \lambda_2 = 1$;

由 $|\boldsymbol{C}| = 3 = \lambda_3\lambda_4, \mathrm{tr}(\boldsymbol{C}) = 4 = \lambda_3 + \lambda_4$,得 $\lambda_3 = 1, \lambda_4 = 3$.

(2) 由(1)可知:$\boldsymbol{A} + a\boldsymbol{E}$ 的特征值为 $a+1, a+1, a+1, a+3$,所以

$$|\boldsymbol{A} + a\boldsymbol{E}| = (a+1)^3(a+3).$$

**例6** 矩阵 $\boldsymbol{A} = \begin{pmatrix} 1 & 0 & 0 & \cdots & 0 \\ 0 & 2 & 0 & \cdots & 0 \\ 0 & 0 & 3 & \cdots & 0 \\ \vdots & \vdots & \vdots & & \vdots \\ 0 & 0 & 0 & \cdots & n \end{pmatrix}$ 的 $n$ 个特征值为_____.

【答案】$\lambda_1 = 1, \lambda_2 = 2, \cdots, \lambda_n = n$

【解析】由

$$|\lambda\boldsymbol{E} - \boldsymbol{A}| = \begin{vmatrix} \lambda - 1 & 0 & 0 & 0 \\ 0 & \lambda - 2 & 0 & 0 \\ \vdots & & \vdots & \vdots \\ 0 & 0 & 0 & \lambda - n \end{vmatrix} = 0$$

得 $\lambda_1 = 1, \lambda_2 = 2, \cdots, \lambda_n = n$.

**例7** 矩阵 $\boldsymbol{A}_n$ 的所有元素均为 $2$,则 $\boldsymbol{A}_n$ 的 $n$ 个特征值为_____.

【答案】$\lambda_1 = \lambda_2 = \cdots = \lambda_{n-1} = 0, \lambda_n = 2n$

【解析】**方法一**:由

$$|\lambda\boldsymbol{E} - \boldsymbol{A}| = \begin{vmatrix} \lambda - 2 & -2 & \cdots & -2 & -2 \\ -2 & \lambda - 2 & \cdots & -2 & -2 \\ \vdots & \vdots & & \vdots & \vdots \\ -2 & -2 & \cdots & -2 & \lambda - 2 \end{vmatrix} = \begin{vmatrix} \lambda - 2n & \lambda - 2n & \cdots & \lambda - 2n & \lambda - 2n \\ -2 & \lambda - 2 & \cdots & -2 & -2 \\ \vdots & \vdots & & \vdots & \vdots \\ -2 & -2 & \cdots & -2 & \lambda - 2 \end{vmatrix}$$

$$= (\lambda - 2n) \begin{vmatrix} 1 & 1 & \cdots & 1 & 1 \\ -2 & \lambda - 2 & \cdots & -2 & -2 \\ \vdots & \vdots & & \vdots & \vdots \\ -2 & -2 & \cdots & -2 & \lambda - 2 \end{vmatrix} = (\lambda - 2n) \begin{vmatrix} 1 & 1 & \cdots & 1 & 1 \\ 0 & \lambda & \cdots & 0 & 0 \\ \vdots & \vdots & & \vdots & \vdots \\ 0 & 0 & \cdots & 0 & \lambda \end{vmatrix}$$

$$= \lambda^{n-1}(\lambda - 2n) = 0$$

得 $\lambda_1 = \lambda_2 = \cdots = \lambda_{n-1} = 0, \lambda_n = 2n$.

**方法二**：由 $R(A) = 1, \mathrm{tr}(A) = \sum\limits_{i=1}^{n} \lambda_i = 2n$，得 $\lambda_1 = \lambda_2 = \cdots = \lambda_{n-1} = 0, \lambda_n = 2n$.

**三阶突破**

**例8** 矩阵 $A = \begin{bmatrix} 2 & 0 & 0 & 2 \\ 0 & 3 & 4 & 0 \\ 0 & 4 & 3 & 0 \\ 2 & 0 & 0 & 2 \end{bmatrix}$，则 $A$ 的特征值为_____.

【答案】$\lambda_1 = -1, \lambda_2 = 7, \lambda_3 = 0, \lambda_4 = 4$

**线索**

由 $|\lambda E - A| = 0$ 进行分块求解.

【解析】由

$$|\lambda E - A| = \begin{vmatrix} \lambda - 2 & 0 & 0 & -2 \\ 0 & \lambda - 3 & -4 & 0 \\ 0 & -4 & \lambda - 3 & 0 \\ -2 & 0 & 0 & \lambda - 2 \end{vmatrix} = \begin{vmatrix} \lambda - 3 & -4 \\ -4 & \lambda - 3 \end{vmatrix} \cdot \begin{vmatrix} \lambda - 2 & -2 \\ -2 & \lambda - 2 \end{vmatrix}$$

$$= [(\lambda - 3)^2 - 16][(\lambda - 2)^2 - 4] = 0$$

得 $\lambda_1 = -1, \lambda_2 = 7, \lambda_3 = 0, \lambda_4 = 4$.

**小结**

在矩阵 $A$ 不满足分块时，可以利用行列式性质进行分块处理.

**例9** 矩阵 $A = \begin{bmatrix} 1 & -2 & 0 & 0 & 0 & 0 \\ 4 & -5 & 0 & 0 & 0 & 0 \\ 0 & 0 & 1 & 0 & 1 & 0 \\ 0 & 0 & 3 & -2 & 1 & 0 \\ 0 & 0 & 0 & 6 & 2 & 0 \\ 0 & 0 & 0 & 0 & 0 & 1 \end{bmatrix}$，则 $|2A^{-1}| = $_____.

【答案】$\dfrac{8}{3}$

线索

由 $A$ 的特征值推出 $A^{-1}$ 的特征值.

【解析】令 $A = \begin{pmatrix} 1 & -2 & 0 & 0 & 0 & 0 \\ 4 & -5 & 0 & 0 & 0 & 0 \\ 0 & 0 & 1 & 0 & 1 & 0 \\ 0 & 0 & 3 & -2 & 1 & 0 \\ 0 & 0 & 0 & 6 & 2 & 0 \\ 0 & 0 & 0 & 0 & 0 & 1 \end{pmatrix} = \begin{pmatrix} B & & \\ & C & \\ & & D \end{pmatrix}$,

其中 $B = \begin{pmatrix} 1 & -2 \\ 4 & -5 \end{pmatrix}$, $C = \begin{pmatrix} 1 & 0 & 1 \\ 3 & -2 & 1 \\ 0 & 6 & 2 \end{pmatrix}$, $D = (1)$.

由 $|\lambda E - B| = \begin{vmatrix} \lambda - 1 & 2 \\ -4 & \lambda + 5 \end{vmatrix} = (\lambda + 1)(\lambda + 3) = 0$, 得 $\lambda_1 = -1, \lambda_2 = -3$;

由 $|\lambda E - C| = \begin{vmatrix} \lambda - 1 & 0 & -1 \\ -3 & \lambda + 2 & -1 \\ 0 & -6 & \lambda - 2 \end{vmatrix} = 0$, 得 $\lambda_3 = -1, \lambda_4 = -2, \lambda_5 = 4$;

由 $|\lambda E - D| = 0$, 得 $\lambda_6 = 1$.

所以 $A$ 的特征值为 $\lambda_1 = \lambda_2 = -1, \lambda_3 = -3, \lambda_4 = -2, \lambda_5 = 4, \lambda_6 = 1$.

从而 $A^{-1}$ 的特征值为 $\lambda_1 = \lambda_2 = -1, \lambda_3 = -\dfrac{1}{3}, \lambda_4 = -\dfrac{1}{2}, \lambda_5 = \dfrac{1}{4}, \lambda_6 = 1$.

故 $|2A^{-1}| = 2^6 |A^{-1}| = 2^6 \times (-1)^2 \times \left(-\dfrac{1}{3}\right) \times \left(-\dfrac{1}{2}\right) \times \dfrac{1}{4} \times 1 = \dfrac{8}{3}$.

**小结**

(1) 分块矩阵可以分成若干个小矩阵去求特征值; (2) 矩阵 $A$ 的特征值与 $A^{-1}$ 的特征值互为倒数.

**例10** 矩阵 $A = \begin{pmatrix} 0 & 1 & 1 & \cdots & 1 & 1 \\ 1 & 0 & 1 & \cdots & 1 & 1 \\ 1 & 1 & 0 & \cdots & 1 & 1 \\ \vdots & \vdots & \vdots & & \vdots & \vdots \\ 1 & 1 & 1 & \cdots & 0 & 1 \\ 1 & 1 & 1 & \cdots & 1 & 0 \end{pmatrix}$, 则 $A$ 的特征值为 _____.

【答案】$\lambda_1 = \lambda_2 = \cdots = \lambda_{n-1} = -1, \lambda_n = n - 1$

线索

$n$ 阶矩阵 $A$ 的特征多项式由 $|\lambda E - A| = 0$ 可以转变为 $|A - \lambda E| = 0$.

【解析】由

$$|A-\lambda E|=\begin{vmatrix} -\lambda & 1 & 1 & \cdots & 1 & 1 \\ 1 & -\lambda & 1 & \cdots & 1 & 1 \\ 1 & 1 & -\lambda & \cdots & 1 & 1 \\ \vdots & \vdots & \vdots & & \vdots & \vdots \\ 1 & 1 & 1 & \cdots & -\lambda & 1 \\ 1 & 1 & 1 & \cdots & 1 & -\lambda \end{vmatrix}$$

$$=\begin{vmatrix} n-1-\lambda & n-1-\lambda & n-1-\lambda & \cdots & n-1-\lambda & n-1-\lambda \\ 1 & -\lambda & 1 & \cdots & 1 & 1 \\ 1 & 1 & -\lambda & \cdots & 1 & 1 \\ \vdots & \vdots & \vdots & & \vdots & \vdots \\ 1 & 1 & 1 & \cdots & -\lambda & 1 \\ 1 & 1 & 1 & \cdots & 1 & -\lambda \end{vmatrix}$$

$$=(n-1-\lambda)\begin{vmatrix} 1 & 1 & 1 & \cdots & 1 & 1 \\ 1 & -\lambda & 1 & \cdots & 1 & 1 \\ 1 & 1 & -\lambda & \cdots & 1 & 1 \\ \vdots & \vdots & \vdots & & \vdots & \vdots \\ 1 & 1 & 1 & \cdots & -\lambda & 1 \\ 1 & 1 & 1 & \cdots & 1 & -\lambda \end{vmatrix}$$

$$=(n-1-\lambda)\begin{vmatrix} 1 & 1 & 1 & \cdots & 1 & 1 \\ 0 & -1-\lambda & 0 & \cdots & 0 & 0 \\ 0 & 0 & -1-\lambda & \cdots & 0 & 0 \\ \vdots & \vdots & \vdots & & \vdots & \vdots \\ 0 & 0 & 0 & \cdots & -1-\lambda & 0 \\ 0 & 0 & 0 & \cdots & 0 & -1-\lambda \end{vmatrix}$$

$$=(n-1-\lambda)(-1-\lambda)^{n-1}=0$$

得 $\lambda_1=\lambda_2=\cdots=\lambda_{n-1}=-1,\lambda_n=n-1$.

**小结**

（1）当矩阵 $A$ 中元素较多或元素为负数时，经常用 $|A-\lambda E|=0$ 求特征值；（2）多维特征矩阵一定要找出公因式.

**题型4** 含参方阵中特征值的求解

**一阶溯源**

**例1** 矩阵 $A=\begin{pmatrix} a & b \\ b & a \end{pmatrix}$，则 $A$ 的全部特征值为_____.

【答案】$\lambda_1 = a+b$，$\lambda_2 = a-b$

线索

由 $|\lambda E - A| = 0$ 进行求解.

【解析】由

$$|\lambda E - A| = \begin{vmatrix} \lambda - a & -b \\ -b & \lambda - a \end{vmatrix} = (\lambda - a)^2 - b^2 = 0$$

得 $\lambda_1 = a+b$，$\lambda_2 = a-b$.

**例2** 矩阵 $A = \begin{pmatrix} a & 1 & 1 \\ 1 & a & 1 \\ 1 & 1 & a \end{pmatrix}$，则 $A$ 的全部特征值为_____.

【答案】$\lambda_1 = \lambda_2 = a-1$，$\lambda_3 = a+2$

线索

由 $|\lambda E - A| = 0$ 进行求解.

【解析】由

$$|\lambda E - A| = \begin{vmatrix} \lambda - a & -1 & -1 \\ -1 & \lambda - a & -1 \\ -1 & -1 & \lambda - a \end{vmatrix} = \begin{vmatrix} \lambda - a - 2 & \lambda - a - 2 & \lambda - a - 2 \\ -1 & \lambda - a & -1 \\ -1 & -1 & \lambda - a \end{vmatrix}$$

$$= (\lambda - a - 2)\begin{vmatrix} 1 & 1 & 1 \\ -1 & \lambda - a & -1 \\ -1 & -1 & \lambda - a \end{vmatrix} = (\lambda - a - 2)\begin{vmatrix} 1 & 1 & 1 \\ 0 & \lambda - a + 1 & 0 \\ 0 & 0 & \lambda - a + 1 \end{vmatrix}$$

$$= (\lambda - a - 2)(\lambda - a + 1)^2 = 0$$

得 $\lambda_1 = \lambda_2 = a-1$，$\lambda_3 = a+2$.

**例3** 矩阵 $A = \begin{pmatrix} 1 & b & b & b \\ b & 1 & b & b \\ b & b & 1 & b \\ b & b & b & 1 \end{pmatrix}$，则 $A$ 的全部特征值为_____.

【答案】$\lambda_1 = \lambda_2 = \lambda_3 = 1-b$，$\lambda_4 = 3b+1$

线索

由 $|A - \lambda E| = 0$ 进行求解.

【解析】由

$$|A - \lambda E| = \begin{vmatrix} 1-\lambda & b & b & b \\ b & 1-\lambda & b & b \\ b & b & 1-\lambda & b \\ b & b & b & 1-\lambda \end{vmatrix}$$

$$
= \begin{vmatrix} 3b+1-\lambda & 3b+1-\lambda & 3b+1-\lambda & 3b+1-\lambda \\ b & 1-\lambda & b & b \\ b & b & 1-\lambda & b \\ b & b & b & 1-\lambda \end{vmatrix}
$$

$$
= (3b+1-\lambda) \begin{vmatrix} 1 & 1 & 1 & 1 \\ b & 1-\lambda & b & b \\ b & b & 1-\lambda & b \\ b & b & b & 1-\lambda \end{vmatrix}
$$

$$
= (3b+1-\lambda) \begin{vmatrix} 1 & 1 & 1 & 1 \\ 0 & 1-b-\lambda & 0 & 0 \\ 0 & 0 & 1-b-\lambda & 0 \\ 0 & 0 & 0 & 1-b-\lambda \end{vmatrix}
$$

$$
= (3b+1-\lambda)(1-b-\lambda)^3 = 0
$$

得 $\lambda_1 = \lambda_2 = \lambda_3 = 1-b, \lambda_4 = 3b+1$.

**⚡二阶提炼**

**例4** 矩阵 $\boldsymbol{A} = \begin{pmatrix} a-b-c & 2a & 2a \\ 2b & b-a-c & 2b \\ 2c & 2c & c-a-b \end{pmatrix}$，则

(1)$\boldsymbol{A}$ 的特征值为_____;(2) $|b\boldsymbol{E}+\boldsymbol{A}|=$_____.

【答案】$\lambda_1 = \lambda_2 = -a-b-c, \lambda_3 = a+b+c$；$(a+c)^2(a+c+2b)$

【解析】(1) 由

$$
|\boldsymbol{A}-\lambda\boldsymbol{E}| = \begin{vmatrix} a-b-c-\lambda & 2a & 2a \\ 2b & b-a-c-\lambda & 2b \\ 2c & 2c & c-a-b-\lambda \end{vmatrix}
$$

$$
= \begin{vmatrix} a+b+c-\lambda & a+b+c-\lambda & a+b+c-\lambda \\ 2b & b-a-c-\lambda & 2b \\ 2c & 2c & c-a-b-\lambda \end{vmatrix}
$$

$$
= (a+b+c-\lambda) \begin{vmatrix} 1 & 1 & 1 \\ 2b & b-a-c-\lambda & 2b \\ 2c & 2c & c-a-b-\lambda \end{vmatrix}
$$

$$
= (a+b+c-\lambda) \begin{vmatrix} 1 & 1 & 1 \\ 0 & -b-a-c-\lambda & 0 \\ 0 & 0 & -c-a-b-\lambda \end{vmatrix}
$$

$$
= (a+b+c-\lambda)(-b-a-c-\lambda)^2 = 0
$$

得 $\lambda_1 = \lambda_2 = -a-b-c, \lambda_3 = a+b+c$.

(2) 由(1)可知:$\boldsymbol{A}$ 的特征值 $\lambda_1 = \lambda_2 = -a-b-c, \lambda_3 = a+b+c$.

所以 $b\boldsymbol{E}+\boldsymbol{A}$ 的特征值 $\lambda_1=\lambda_2=-a-c,\lambda_3=a+2b+c$.

故 $|b\boldsymbol{E}+\boldsymbol{A}|=(a+c)^2(a+c+2b)$.

**小 结**

(1) 行列式中有多个参数时,一定要找出公因式,可以简化计算;(2)$b\boldsymbol{E}+\boldsymbol{A}$ 的行列式根据结论求得.

**例5** 矩阵 $\boldsymbol{A}=\begin{pmatrix} 1 & a & 0 & 0 \\ 0 & 1 & a & 0 \\ 0 & 0 & 1 & a \\ a & 0 & 0 & 1 \end{pmatrix}$,则 $\boldsymbol{A}$ 的全部实数特征值为_____.

【答案】$\lambda_1=a+1,\lambda_2=1-a$

【解析】由

$$|\boldsymbol{A}-\lambda\boldsymbol{E}|=\begin{vmatrix} 1-\lambda & a & 0 & 0 \\ 0 & 1-\lambda & a & 0 \\ 0 & 0 & 1-\lambda & a \\ a & 0 & 0 & 1-\lambda \end{vmatrix}$$

$$=(1-\lambda)\begin{vmatrix} 1-\lambda & a & 0 \\ 0 & 1-\lambda & a \\ 0 & 0 & 1-\lambda \end{vmatrix}+(-1)^{4+1}a\begin{vmatrix} a & 0 & 0 \\ 1-\lambda & a & 0 \\ 0 & 1-\lambda & a \end{vmatrix}$$

$$=(1-\lambda)^4-a^4=(1-\lambda+a)(1-\lambda-a)[(1-\lambda)^2+a^2]=0$$

得 $\boldsymbol{A}$ 的全部实数特征值为 $\lambda_1=a+1,\lambda_2=1-a$.

**例6** 已知 $-2$ 是矩阵 $\boldsymbol{A}=\begin{pmatrix} 0 & -2 & -2 \\ 2 & x & -1 \\ -2 & 2 & a \end{pmatrix}$ 的特征值,其中 $a\neq 0$,则 $x=$_____.

【答案】$-4$

【解析】因为 $-2$ 是矩阵 $\boldsymbol{A}$ 的一个特征值,则由

$$|\boldsymbol{A}+2\boldsymbol{E}|=\begin{vmatrix} 2 & -2 & -2 \\ 2 & 2+x & -1 \\ -2 & 2 & 2+a \end{vmatrix}=\begin{vmatrix} 2 & -2 & -2 \\ 2 & 2+x & -1 \\ 0 & 0 & a \end{vmatrix}$$

$$=a\begin{vmatrix} 2 & -2 \\ 2 & 2+x \end{vmatrix}=a(2x+8)=0$$

得 $x=-4$.

**例7** 已知矩阵 $\boldsymbol{A}=\begin{pmatrix} 1 & 2 & -3 \\ -1 & 4 & -3 \\ 1 & a & 5 \end{pmatrix}$ 的特征值有一个二重根,则 $a=$_____.

【答案】$-2$ 或 $-\dfrac{2}{3}$

**【解析】方法一：** 由 $|\lambda E - A| = \begin{vmatrix} \lambda - 1 & -2 & 3 \\ 1 & \lambda - 4 & 3 \\ -1 & -a & \lambda - 5 \end{vmatrix} = \begin{vmatrix} \lambda - 2 & 2 - \lambda & 0 \\ 1 & \lambda - 4 & 3 \\ -1 & -a & \lambda - 5 \end{vmatrix}$

$$= (\lambda - 2) \begin{vmatrix} 1 & -1 & 0 \\ 1 & \lambda - 4 & 3 \\ -1 & -a & \lambda - 5 \end{vmatrix} = (\lambda - 2) \begin{vmatrix} 1 & -1 & 0 \\ 0 & \lambda - 3 & 3 \\ 0 & -1 - a & \lambda - 5 \end{vmatrix}$$

$$= (\lambda - 2)(\lambda^2 - 8\lambda + 18 + 3a) = 0,$$

若 $\lambda_1 = \lambda_2 = 2$，代入 $\lambda^2 - 8\lambda + 18 + 3a = 0$ 中，解得 $a = -2$.

若 $\lambda_1 = 2$ 是单根，则 $\Delta = (-8)^2 - 4(18 + 3a) = 0$，解得 $a = -\dfrac{2}{3}$.

**方法二：** 由方法一，知 $\lambda = 2$ 是根，又因为 $\text{tr}(A) = 10$，$|A| = 6a + 36$.

若 $\lambda_1 = \lambda_2 = 2$，则由 $\lambda_1 + \lambda_2 + \lambda_3 = 10$ 得 $\lambda_3 = 6$，因此 $a = -2$.

若 $\lambda_1 = 2$ 是单根，则由 $\lambda_1 + \lambda_2 + \lambda_3 = 10$ 得 $\lambda_2 = \lambda_3 = 4$，因此 $a = -\dfrac{2}{3}$.

**小结**

（1）用 $|\lambda E - A| = 0$ 求解，一定要找出一个特征值，再去讨论谁是重根；（2）用迹与行列式的性质，可以简化计算.

**三阶突破**

**例8** 已知 $\boldsymbol{\alpha} = (a_1, a_2, \cdots, a_n)^T$，$\boldsymbol{\beta} = (b_1, b_2, \cdots, b_n)^T$ 均为非零列向量，且 $A = \boldsymbol{\alpha}\boldsymbol{\beta}^T$，则 $A$ 的全部特征值为_____.

**【答案】** $\lambda_1 = \lambda_2 = \cdots = \lambda_{n-1} = 0$，$\lambda_n = \sum\limits_{i=1}^{n} a_i b_i$

**线索**

用特征值的性质 $\text{tr}(A) = \sum\limits_{i=1}^{n} \lambda_i$，$|A| = \prod\limits_{i=1}^{n} \lambda_i$.

**【解析】** 由题意可知

$$A = \boldsymbol{\alpha}\boldsymbol{\beta}^T = \begin{pmatrix} a_1 b_1 & a_1 b_2 & \cdots & a_1 b_n \\ a_2 b_1 & a_2 b_2 & \cdots & a_2 b_n \\ \vdots & \vdots & & \vdots \\ a_n b_1 & a_n b_2 & \cdots & a_n b_n \end{pmatrix},$$

且满足 $R(A) = 1$，$\text{tr}(A) = \sum\limits_{i=1}^{n} a_i b_i$，所以 $\lambda_1 = \lambda_2 = \cdots = \lambda_{n-1} = 0$，$\lambda_n = \sum\limits_{i=1}^{n} a_i b_i$.

**小结**

对称矩阵 $R(A) = 1$ 时，特征值一个是迹，其余全为零.

例9 已知矩阵 $A_{n \times n} = \begin{pmatrix} 1 & 1 & 1 & \cdots & 1 \\ a & a & a & \cdots & a \\ a^2 & a^2 & a^2 & \cdots & a^2 \\ \vdots & \vdots & \vdots & & \vdots \\ a^{n-1} & a^{n-1} & a^{n-1} & \cdots & a^{n-1} \end{pmatrix}$,讨论在不同情况下 $A$ 的特征值.

线索

用特征值的性质 $\mathrm{tr}(A) = \sum\limits_{i=1}^{n} \lambda_i$, $|A| = \prod\limits_{i=1}^{n} \lambda_i$ 或 $|\lambda E - A| = 0$ 求解.

【解析】**方法一**:由题可知 $R(A) = 1$, $|A| = 0$, $\mathrm{tr}(A) = 1 + a + a^2 + \cdots + a^{n-1}$,则

当 $a = 1$ 时,得 $\lambda_1 = \lambda_2 = \cdots = \lambda_{n-1} = 0$, $\lambda_n = n$.

当 $a \neq 1$ 时,得 $\lambda_1 = \lambda_2 = \cdots = \lambda_{n-1} = 0$, $\lambda_n = \dfrac{1 - a^n}{1 - a}$.

**方法二**:由

$$|\lambda E - A| = \begin{vmatrix} \lambda - 1 & -1 & -1 & \cdots & -1 \\ -a & \lambda - a & -a & \cdots & -a \\ -a^2 & -a^2 & \lambda - a^2 & \cdots & -a^2 \\ \vdots & \vdots & \vdots & & \vdots \\ -a^{n-1} & -a^{n-1} & -a^{n-1} & \cdots & \lambda - a^{n-1} \end{vmatrix}$$

$$= \begin{vmatrix} \lambda - \sum\limits_{i=0}^{n-1} a^i & \lambda - \sum\limits_{i=0}^{n-1} a^i & \lambda - \sum\limits_{i=0}^{n-1} a^i & \cdots & \lambda - \sum\limits_{i=0}^{n-1} a^i \\ -a & \lambda - a & -a & \cdots & -a \\ -a^2 & -a^2 & \lambda - a^2 & \cdots & -a^2 \\ \vdots & \vdots & \vdots & & \vdots \\ -a^{n-1} & -a^{n-1} & -a^{n-1} & \cdots & \lambda - a^{n-1} \end{vmatrix}$$

$$= \left( \lambda - \sum\limits_{i=0}^{n-1} a^i \right) \begin{vmatrix} 1 & 1 & 1 & \cdots & 1 \\ -a & \lambda - a & -a & \cdots & -a \\ -a^2 & -a^2 & \lambda - a^2 & \cdots & -a^2 \\ \vdots & \vdots & \vdots & & \vdots \\ -a^{n-1} & -a^{n-1} & -a^{n-1} & \cdots & \lambda - a^{n-1} \end{vmatrix}$$

$$= \left( \lambda - \sum\limits_{i=0}^{n-1} a^i \right) \begin{vmatrix} 1 & 1 & 1 & \cdots & 1 \\ 0 & \lambda & 0 & \cdots & 0 \\ 0 & 0 & \lambda & \cdots & 0 \\ \vdots & \vdots & \vdots & & \vdots \\ 0 & 0 & 0 & \cdots & \lambda \end{vmatrix}$$

$$= \lambda^{n-1} \left( \lambda - \sum\limits_{i=0}^{n-1} a^i \right) = 0,$$

当 $a = 1$ 时,得 $\lambda_1 = \lambda_2 = \cdots = \lambda_{n-1} = 0$, $\lambda_n = n$.

当 $a \neq 1$ 时,得 $\lambda_1 = \lambda_2 = \cdots = \lambda_{n-1} = 0$, $\lambda_n = \dfrac{1-a^n}{1-a}$.

**小结**

可以看出第一种方法较为简单,不要忽略对 $a$ 的讨论.

**题型5** 由矩阵 $A$ 求与矩阵 $A$ 有关的特征值问题

 **一阶溯源**

**例1** 若矩阵 $A_{3\times3}$ 的特征值为 $-1, 0, 1$,则下列矩阵可逆的是(    ).

(A) $E - A$          (B) $E + A$          (C) $A^2$          (D) $E + 2A^{\mathrm{T}}$

【答案】(D)

**线索**

由 $A$ 的特征值为 $\lambda$,得 $f(A)$ 的特征值为 $f(\lambda)$.

【解析】由题意知,矩阵 $A_{3\times3}$ 的特征值为 $-1, 0, 1$,则

$E - A$ 的特征值为 $2, 1, 0$,则 $|E - A| = 0$,排除(A);

$E + A$ 的特征值为 $0, 1, 2$,则 $|E + A| = 0$,排除(B);

$A^2$ 的特征值为 $1, 0, 1$,则 $|A^2| = 0$,排除(C);

$E + 2A^{\mathrm{T}}$ 的特征值为 $-1, 1, 3$,则 $|E + 2A^{\mathrm{T}}| \neq 0$.

故选(D).

**例2** 若矩阵 $A_{3\times3}$ 的特征值为 $1, 1, 2$,则 $|E + 2A^*| = $ _____.

【答案】75

**线索**

由 $A$ 的特征值为 $\lambda$,得 $A^*$ 的特征值为 $|A|/\lambda$, $f(A)$ 的特征值为 $f(\lambda)$.

【解析】由题意知,矩阵 $A_{3\times3}$ 的特征值为 $1, 1, 2$,则 $|A| = 2$,所以 $A^*$ 的特征值为 $2, 2, 1$,则 $E + 2A^*$ 的特征值为 $5, 5, 3$,所以 $|E + 2A^*| = 75$.

 **二阶提炼**

**例3** 设 $\boldsymbol{\alpha} = (1, 0, 1)^{\mathrm{T}}$,且 $A = \boldsymbol{\alpha\alpha}^{\mathrm{T}}$,则 $|aE - A^n| = $ _____.

【答案】$a^2(a - 2^n)$

【解析】**方法一:**由 $A = \boldsymbol{\alpha\alpha}^{\mathrm{T}}$, $|\lambda E - A| = 0$ 知, $\lambda_1 = \lambda_2 = 0$, $\lambda_3 = 2$.所以 $A^n$ 的特征值为 $0$, $0, 2^n$, $aE - A^n$ 的特征值为 $a, a, a - 2^n$,故 $|aE - A^n| = a^2(a - 2^n)$.

**方法二:**由 $A^2 = \boldsymbol{\alpha}(\boldsymbol{\alpha}^{\mathrm{T}}\boldsymbol{\alpha})\boldsymbol{\alpha}^{\mathrm{T}} = 2\boldsymbol{\alpha\alpha}^{\mathrm{T}} = 2A$ 得 $A^n = 2^{n-1}A = \begin{pmatrix} 2^{n-1} & 0 & 2^{n-1} \\ 0 & 0 & 0 \\ 2^{n-1} & 0 & 2^{n-1} \end{pmatrix}$,所以

$$|a\boldsymbol{E} - \boldsymbol{A}^n| = \begin{vmatrix} a - 2^{n-1} & 0 & -2^{n-1} \\ 0 & a & 0 \\ -2^{n-1} & 0 & a - 2^{n-1} \end{vmatrix} = a\left[(a - 2^{n-1})^2 - (2^{n-1})^2\right] = a^2(a - 2^n).$$

**小结**

（1）利用 $\boldsymbol{A}$ 的特征值 $\lambda$，则 $\boldsymbol{A}^n$ 的特征值等于 $\lambda^n$；（2）矩阵的维数多时，建议采纳第一种解法.

**例4** 令 $n$ 维列向量 $\boldsymbol{\alpha} = (a, 0, \cdots, 0, a)^{\mathrm{T}}$，且 $\boldsymbol{A} = 2\boldsymbol{E} - \boldsymbol{\alpha\alpha}^{\mathrm{T}}$，其中 $\boldsymbol{A}$ 不可逆，则 $a$ = _____.

【答案】1 或 $-1$

【解析】由

$$|\lambda\boldsymbol{E} - \boldsymbol{\alpha\alpha}^{\mathrm{T}}| = \begin{vmatrix} \lambda - a^2 & 0 & \cdots & -a^2 \\ 0 & \lambda & \cdots & 0 \\ \vdots & \vdots & & \vdots \\ -a^2 & 0 & \cdots & \lambda - a^2 \end{vmatrix} = \lambda^{n-1}(\lambda - 2a^2) = 0$$

得 $\boldsymbol{\alpha\alpha}^{\mathrm{T}}$ 的全部特征值为 $\lambda_1 = \lambda_2 = \cdots = \lambda_{n-1} = 0, \lambda_n = 2a^2$，

所以 $\boldsymbol{A}$ 的全部特征值为 $\lambda_1 = \lambda_2 = \cdots = \lambda_{n-1} = 2, \lambda_n = 2 - 2a^2$.

所以 $|\boldsymbol{A}| = 2^{n-1}(2 - 2a^2) = 2^n(1 - a^2) = 0$，得 $a = 1$ 或 $a = -1$.

**小结**

$\boldsymbol{\alpha\alpha}^{\mathrm{T}}$ 的特征值 $\lambda$：一个是迹（也就是向量的内积），其余全为零. 此题也可以用分块矩阵做，请自行求解.

**例5** 已知 $\boldsymbol{A} \sim \begin{pmatrix} -1 & & \\ & 1 & \\ & & 1 \end{pmatrix}$，则 $R(\boldsymbol{A} - \boldsymbol{E}) + R(\boldsymbol{A} + \boldsymbol{E}) = $ _____.

【答案】3

【解析】由题意知，$\boldsymbol{A}$ 的特征值为 $-1, 1, 1$，则 $\boldsymbol{A} - \boldsymbol{E}$ 的特征值为 $-2, 0, 0$，$R(\boldsymbol{A} - \boldsymbol{E}) = 1$；$\boldsymbol{A} + \boldsymbol{E}$ 的特征值为 $0, 2, 2$，$R(\boldsymbol{A} + \boldsymbol{E}) = 2$；所以 $R(\boldsymbol{A} - \boldsymbol{E}) + R(\boldsymbol{A} + \boldsymbol{E}) = 3$.

**例6** 已知矩阵 $\boldsymbol{A}_{3\times3}$ 满足 $\boldsymbol{A}^2 - 2\boldsymbol{A} - 3\boldsymbol{E} = \boldsymbol{0}$，则 $\boldsymbol{A}$ 的特征值为 _____.

【答案】$\lambda = 3$ 或 $\lambda = -1$

【解析】由题意知，$\boldsymbol{A}$ 满足特征方程 $\lambda^2 - 2\lambda - 3 = 0$，所以 $\lambda = 3$ 或 $\lambda = -1$（重根不确定）.

**例7** 已知矩阵 $\boldsymbol{A}_{3\times3}$ 满足 $\boldsymbol{A}^2 - 2\boldsymbol{A} - 3\boldsymbol{E} = \boldsymbol{O}$，且 $|\boldsymbol{A}| = 3$，则 $\boldsymbol{A}$ 的特征值为 _____.

【答案】$\lambda_1 = \lambda_2 = -1, \lambda_3 = 3$

【解析】由题意知，$\boldsymbol{A}$ 满足特征方程 $\lambda^2 - 2\lambda - 3 = 0$，所以 $\lambda = 3$ 或 $\lambda = -1$.

又因为 $|\boldsymbol{A}| = 3 = \lambda_1\lambda_2\lambda_3$，所以 $\lambda_1 = \lambda_2 = -1, \lambda_3 = 3$.

**三阶突破**

**例8** 已知 3 阶矩阵 $\boldsymbol{A}$ 的特征值为 $-1,-2,3$,则 $|\boldsymbol{A}|$ 中主对角线代数余子式之和 $A_{11}+A_{22}+A_{33}=$ _____.

【答案】$-7$

**线索**

(1) 伴随矩阵的定义;(2)$\boldsymbol{A}^{*}$ 的特征值的求解.

【解析】由

$$\boldsymbol{A}^{*}=\begin{pmatrix} A_{11} & A_{21} & A_{31} \\ A_{12} & A_{22} & A_{32} \\ A_{13} & A_{23} & A_{33} \end{pmatrix}$$

得 $A_{11}+A_{22}+A_{33}=\operatorname{tr}(\boldsymbol{A}^{*})$.

由 $\boldsymbol{A}$ 的特征值为 $-1,-2,3$ 且 $|\boldsymbol{A}|=6$,得 $\boldsymbol{A}^{*}$ 的特征值为 $-6,-3,2$,所以

$$\operatorname{tr}(\boldsymbol{A}^{*})=-6-3+2=-7.$$

**例9** $n$ 阶矩阵 $\boldsymbol{A}$ 的特征值全为 $0$,则必有( ).

(A)$R(\boldsymbol{A})=0$　　　　(B)$R(\boldsymbol{A})=1$　　　　(C)$R(\boldsymbol{A})=n-1$　　　(D) 无法确定

【答案】(D)

**线索**

特征值与秩没有必然的联系.

【解析】设 $\boldsymbol{A}=\begin{pmatrix} 0 & 0 & \cdots & 0 \\ 0 & 0 & \cdots & 0 \\ \vdots & \vdots & & \vdots \\ 0 & 0 & \cdots & 0 \end{pmatrix}$ 或 $\boldsymbol{A}=\begin{pmatrix} 0 & 0 & \cdots & 1 \\ 0 & 0 & \cdots & 2 \\ \vdots & \vdots & & \vdots \\ 0 & 0 & \cdots & 0 \end{pmatrix}$ 或 $\boldsymbol{A}=\begin{pmatrix} 0 & \cdots & 1 & 0 \\ 0 & \cdots & 0 & 2 \\ \vdots & & \vdots & \vdots \\ 0 & \cdots & 0 & 0 \end{pmatrix}$,三

者皆满足特征值全为 $0$,而 $R(\boldsymbol{A})$ 分别为 $0,1,2$,即特征值全为 $0$ 不能确定 $\boldsymbol{A}$ 的秩.

故选(D).

**例10** 已知矩阵 $\boldsymbol{A}=(a_{ij})_{n\times n}$ 的 $n$ 个特征值分别为 $\lambda_1,\lambda_2,\cdots,\lambda_n$,则 $\sum_{i=1}^{n}\lambda_i^2=$ _____.

【答案】$\sum_{i=1}^{n}\sum_{j=1}^{n}a_{ji}a_{ij}$

【解析】由题意知,$\boldsymbol{A}^2$ 的特征值为 $\lambda_1^2,\lambda_2^2,\cdots,\lambda_n^2$,又因为

$$\boldsymbol{A}^2=\begin{pmatrix} a_{11}^2+a_{12}a_{21}+\cdots+a_{1n}a_{n1} & a_{11}a_{12}+a_{12}a_{22}+\cdots+a_{1n}a_{n2} & \cdots & a_{11}a_{1n}+a_{12}a_{2n}+\cdots+a_{1n}a_{nn} \\ a_{21}a_{11}+a_{22}a_{21}+\cdots+a_{2n}a_{n1} & a_{21}a_{12}+a_{22}^2+\cdots+a_{2n}a_{n2} & \cdots & a_{21}a_{1n}+a_{22}a_{2n}+\cdots+a_{2n}a_{nn} \\ \vdots & \vdots & & \vdots \\ a_{n1}a_{11}+a_{n2}a_{21}+\cdots+a_{nn}a_{n1} & a_{n1}a_{12}+a_{n2}a_{22}+\cdots+a_{nn}a_{n2} & \cdots & a_{n1}a_{1n}+a_{n2}a_{2n}+\cdots+a_{nn}^2 \end{pmatrix},$$

所以 $\displaystyle\sum_{i=1}^{n}\lambda_i^2 = \mathrm{tr}(\boldsymbol{A}^2) = \sum_{i=1}^{n}\sum_{j=1}^{n}a_{ji}a_{ij}$.

**小结**

在抽象矩阵中,有关特征值的试题,一定要注意用特征值的性质做.

**题型6** 特征向量的求解(数值型)

**一阶溯源**

**例1** 求矩阵 $\boldsymbol{A} = \begin{pmatrix} 1 & 2 \\ 2 & 1 \end{pmatrix}$ 的特征值与全部特征向量.

**线索**

(1) 由 $|\lambda\boldsymbol{E} - \boldsymbol{A}| = 0$ 求特征值;(2) 由 $(\lambda\boldsymbol{E} - \boldsymbol{A})\boldsymbol{x} = \boldsymbol{0}$ 求特征向量.

**【解】方法一:**由

$$|\lambda\boldsymbol{E} - \boldsymbol{A}| = \begin{vmatrix} \lambda - 1 & -2 \\ -2 & \lambda - 1 \end{vmatrix} = (\lambda - 1)^2 - 4 = 0$$

得 $\lambda_1 = 3, \lambda_2 = -1$.

**方法二:**由 $\mathrm{tr}(\boldsymbol{A}) = \lambda_1 + \lambda_2 = 2$,$|\boldsymbol{A}| = \lambda_1\lambda_2 = -3$ 得 $\lambda_1 = 3, \lambda_2 = -1$.

当 $\lambda_1 = 3$ 时,解方程组 $(3\boldsymbol{E} - \boldsymbol{A})\boldsymbol{x} = \boldsymbol{0}$ 得对应的特征向量 $\boldsymbol{\alpha}_1 = (1,1)^{\mathrm{T}}$;

当 $\lambda_2 = -1$ 时,解方程组 $(-\boldsymbol{E} - \boldsymbol{A})\boldsymbol{x} = \boldsymbol{0}$ 得对应的特征向量 $\boldsymbol{\alpha}_2 = (1,-1)^{\mathrm{T}}$.

故特征值 $\lambda = 3$ 对应的全部特征向量为 $k_1\boldsymbol{\alpha}_1 = k_1(1,1)^{\mathrm{T}}$,其中 $k_1 \neq 0$;特征值 $\lambda = -1$ 对应的全部特征向量为 $k_2\boldsymbol{\alpha}_2 = k_2(1,-1)^{\mathrm{T}}$,其中 $k_2 \neq 0$.

**例2** 求矩阵 $\boldsymbol{A} = \begin{pmatrix} 1 & 2 \\ 0 & 1 \end{pmatrix}$ 的特征值与全部特征向量.

**线索**

(1) 由 $|\lambda\boldsymbol{E} - \boldsymbol{A}| = 0$ 求特征值;(2) 由 $(\lambda\boldsymbol{E} - \boldsymbol{A})\boldsymbol{x} = \boldsymbol{0}$ 求特征向量.

**【解】**由

$$|\lambda\boldsymbol{E} - \boldsymbol{A}| = \begin{vmatrix} \lambda - 1 & -2 \\ 0 & \lambda - 1 \end{vmatrix} = (\lambda - 1)^2 = 0$$

得 $\lambda_1 = \lambda_2 = 1$.

当 $\lambda_1 = \lambda_2 = 1$ 时,解方程组 $(\boldsymbol{E} - \boldsymbol{A})\boldsymbol{x} = \boldsymbol{0}$,得对应的特征向量 $\boldsymbol{\alpha} = (1,0)^{\mathrm{T}}$,则特征值 $\lambda = 1$ 对应的全部特征向量为 $k\boldsymbol{\alpha} = k(1,0)^{\mathrm{T}}$,其中 $k \neq 0$.

**二阶提炼**

**例3** 求矩阵 $\boldsymbol{A} = \begin{pmatrix} -1 & 2 & 1 \\ -1 & 2 & 1 \\ -1 & 2 & 1 \end{pmatrix}$ 的特征值与特征向量.

【解】由 $\text{tr}(\mathbf{A}) = \lambda_1 + \lambda_2 + \lambda_3 = 2, R(\mathbf{A}) = 1, |\mathbf{A}| = \lambda_1\lambda_2\lambda_3 = 0$，得 $\lambda_1 = \lambda_2 = 0, \lambda_3 = 2$.

当 $\lambda_1 = \lambda_2 = 0$ 时，解方程组 $(0\mathbf{E} - \mathbf{A})\mathbf{x} = \mathbf{0}$，

$$0\mathbf{E} - \mathbf{A} = \begin{pmatrix} 1 & -2 & -1 \\ 1 & -2 & -1 \\ 1 & -2 & -1 \end{pmatrix} \rightarrow \begin{pmatrix} 1 & -2 & -1 \\ 0 & 0 & 0 \\ 0 & 0 & 0 \end{pmatrix},$$

得对应的特征向量 $\boldsymbol{\alpha}_1 = (1, 0, 1)^{\mathrm{T}}, \boldsymbol{\alpha}_2 = (0, 1, -2)^{\mathrm{T}}$；

当 $\lambda_3 = 2$ 时，解方程组 $(2\mathbf{E} - \mathbf{A})\mathbf{x} = \mathbf{0}$，

$$2\mathbf{E} - \mathbf{A} = \begin{pmatrix} 3 & -2 & -1 \\ 1 & 0 & -1 \\ 1 & -2 & 1 \end{pmatrix} \rightarrow \begin{pmatrix} 1 & 0 & -1 \\ 0 & -2 & 2 \\ 0 & 0 & 0 \end{pmatrix},$$

得对应的特征向量 $\boldsymbol{\alpha}_3 = (1, 1, 1)^{\mathrm{T}}$.

**例4** 求矩阵 $\mathbf{A} = \begin{pmatrix} -1 & 2 & -1 \\ -1 & 2 & -1 \\ -1 & 2 & -1 \end{pmatrix}$ 的特征值与特征向量.

【解】由 $\text{tr}(\mathbf{A}) = \lambda_1 + \lambda_2 + \lambda_3 = 0, R(\mathbf{A}) = 1, |\mathbf{A}| = \lambda_1\lambda_2\lambda_3 = 0$，得 $\lambda_1 = \lambda_2 = \lambda_3 = 0$.

当 $\lambda_1 = \lambda_2 = \lambda_3 = 0$ 时，解方程组 $(0\mathbf{E} - \mathbf{A})\mathbf{x} = \mathbf{0}$，

$$0\mathbf{E} - \mathbf{A} = \begin{pmatrix} 1 & -2 & 1 \\ 1 & -2 & 1 \\ 1 & -2 & 1 \end{pmatrix} \rightarrow \begin{pmatrix} 1 & -2 & 1 \\ 0 & 0 & 0 \\ 0 & 0 & 0 \end{pmatrix},$$

得对应的特征向量 $\boldsymbol{\alpha}_1 = (2, 1, 0)^{\mathrm{T}}, \boldsymbol{\alpha}_2 = (-1, 0, 1)^{\mathrm{T}}$.

**小结**

(1) 特征值与特征向量要一一对应；(2) $n$ 个特征值不一定有 $n$ 个特征向量.

**例5** 令 $\mathbf{A} = \begin{pmatrix} 1 & 2 & 0 & 0 \\ 1 & 0 & 0 & 0 \\ 0 & 0 & 2 & 1 \\ 0 & 0 & 0 & 2 \end{pmatrix}$，求矩阵 $\mathbf{A}$ 的特征值与特征向量.

【解】记 $\mathbf{B} = \begin{pmatrix} 1 & 2 \\ 1 & 0 \end{pmatrix}, \mathbf{C} = \begin{pmatrix} 2 & 1 \\ 0 & 2 \end{pmatrix}$，则

令 $|\lambda\mathbf{E} - \mathbf{B}| = \begin{vmatrix} \lambda-1 & -2 \\ -1 & \lambda \end{vmatrix} = \lambda(\lambda-1) - 2 = 0$，得 $\lambda_1 = -1, \lambda_2 = 2$；

令 $|\lambda\mathbf{E} - \mathbf{C}| = \begin{vmatrix} \lambda-2 & -1 \\ 0 & \lambda-2 \end{vmatrix} = (\lambda-2)^2 = 0$，得 $\lambda_3 = \lambda_4 = 2$.

当 $\lambda_1 = -1$ 时，解方程组 $(-\mathbf{E} - \mathbf{A})\mathbf{x} = \mathbf{0}$，

$$-\mathbf{E} - \mathbf{A} = \begin{pmatrix} -2 & -2 & 0 & 0 \\ -1 & -1 & 0 & 0 \\ 0 & 0 & -3 & -1 \\ 0 & 0 & 0 & -3 \end{pmatrix} \rightarrow \begin{pmatrix} 1 & 1 & 0 & 0 \\ 0 & 0 & 1 & 0 \\ 0 & 0 & 0 & 1 \\ 0 & 0 & 0 & 0 \end{pmatrix},$$

得对应的特征向量 $\boldsymbol{\alpha}_1 = (1, -1, 0, 0)^T$;

当 $\lambda_2 = \lambda_3 = \lambda_4 = 2$ 时,解方程组 $(2\boldsymbol{E} - \boldsymbol{A})\boldsymbol{x} = \boldsymbol{0}$,

$$2\boldsymbol{E} - \boldsymbol{A} = \begin{pmatrix} 1 & -2 & 0 & 0 \\ -1 & 2 & 0 & 0 \\ 0 & 0 & 0 & -1 \\ 0 & 0 & 0 & 0 \end{pmatrix} \rightarrow \begin{pmatrix} 1 & -2 & 0 & 0 \\ 0 & 0 & 0 & 1 \\ 0 & 0 & 0 & 0 \\ 0 & 0 & 0 & 0 \end{pmatrix},$$

得对应的特征向量 $\boldsymbol{\alpha}_2 = (2, 1, 0, 0)^T, \boldsymbol{\alpha}_3 = (0, 0, 1, 0)^T$.

**小结**

> 特征值可以分块求,但是特征向量不能.

**例6** 令 $\boldsymbol{A} = \begin{pmatrix} a & 1 & 1 & 1 \\ 1 & a & 1 & 1 \\ 1 & 1 & a & 1 \\ 1 & 1 & 1 & a \end{pmatrix}$,求矩阵 $\boldsymbol{A}$ 的特征值与特征向量.

【解】由

$$|\lambda\boldsymbol{E} - \boldsymbol{A}| = \begin{vmatrix} \lambda-a & -1 & -1 & -1 \\ -1 & \lambda-a & -1 & -1 \\ -1 & -1 & \lambda-a & -1 \\ -1 & -1 & -1 & \lambda-a \end{vmatrix} = \begin{vmatrix} \lambda-a-3 & \lambda-a-3 & \lambda-a-3 & \lambda-a-3 \\ -1 & \lambda-a & -1 & -1 \\ -1 & -1 & \lambda-a & -1 \\ -1 & -1 & -1 & \lambda-a \end{vmatrix}$$

$$= (\lambda-a-3) \begin{vmatrix} 1 & 1 & 1 & 1 \\ -1 & \lambda-a & -1 & -1 \\ -1 & -1 & \lambda-a & -1 \\ -1 & -1 & -1 & \lambda-a \end{vmatrix}$$

$$= (\lambda-a-3) \begin{vmatrix} 1 & 1 & 1 & 1 \\ 0 & \lambda-a+1 & 0 & 0 \\ 0 & 0 & \lambda-a+1 & 0 \\ 0 & 0 & 0 & \lambda-a+1 \end{vmatrix}$$

$$= (\lambda-a-3)(\lambda-a+1)^3 = 0$$

得 $\lambda_1 = \lambda_2 = \lambda_3 = a-1, \lambda_4 = a+3$.

当 $\lambda_1 = \lambda_2 = \lambda_3 = a-1$ 时,解方程组 $[(a-1)\boldsymbol{E} - \boldsymbol{A}]\boldsymbol{x} = \boldsymbol{0}$,

$$(a-1)\boldsymbol{E} - \boldsymbol{A} \rightarrow \begin{pmatrix} 1 & 1 & 1 & 1 \\ 0 & 0 & 0 & 0 \\ 0 & 0 & 0 & 0 \\ 0 & 0 & 0 & 0 \end{pmatrix},$$

得对应的特征向量 $\boldsymbol{\alpha}_1 = (1, -1, 0, 0)^T, \boldsymbol{\alpha}_2 = (1, 0, -1, 0)^T, \boldsymbol{\alpha}_3 = (1, 0, 0, -1)^T$;

当 $\lambda_4 = a+3$ 时,解方程组 $[(a+3)\boldsymbol{E} - \boldsymbol{A}]\boldsymbol{x} = \boldsymbol{0}$,

$$(a+3)\boldsymbol{E}-\boldsymbol{A} \rightarrow \begin{pmatrix} 1 & 0 & 0 & -1 \\ 0 & 1 & 0 & -1 \\ 0 & 0 & 1 & -1 \\ 0 & 0 & 0 & 0 \end{pmatrix},$$

得对应的特征向量 $\boldsymbol{\alpha}_4 = (1,1,1,1)^{\mathrm{T}}$.

**三阶突破**

**例7** 已知矩阵 $\boldsymbol{A} = \begin{pmatrix} 1 & x & 2 \\ 0 & 2 & 0 \\ 1 & -2 & 0 \end{pmatrix}$ 有 3 个线性无关的特征向量，求 $x$ 与其特征值及特征向量.

**线索**

(1) 由 $|\lambda\boldsymbol{E}-\boldsymbol{A}|=0$ 求特征值；(2) 由 $(\lambda\boldsymbol{E}-\boldsymbol{A})\boldsymbol{x}=\boldsymbol{0}$ 求特征向量.

**【解】** 由

$$|\lambda\boldsymbol{E}-\boldsymbol{A}| = \begin{vmatrix} \lambda-1 & -x & -2 \\ 0 & \lambda-2 & 0 \\ -1 & 2 & \lambda \end{vmatrix} = (\lambda-2)\begin{vmatrix} \lambda-1 & -2 \\ -1 & \lambda \end{vmatrix}$$

$$= (\lambda-2)^2(\lambda+1) = 0$$

得 $\lambda_1 = \lambda_2 = 2, \lambda_3 = -1$.

当 $\lambda_1 = \lambda_2 = 2$ 时，解方程组 $(2\boldsymbol{E}-\boldsymbol{A})\boldsymbol{x}=\boldsymbol{0}$,

$$2\boldsymbol{E}-\boldsymbol{A} = \begin{pmatrix} 1 & -x & -2 \\ 0 & 0 & 0 \\ -1 & 2 & 2 \end{pmatrix} \rightarrow \begin{pmatrix} 1 & -x & -2 \\ 0 & 2-x & 0 \\ 0 & 0 & 0 \end{pmatrix},$$

因为 $\lambda_1 = \lambda_2 = 2$ 对应两个线性无关的特征向量，所以 $R(2\boldsymbol{E}-\boldsymbol{A})=1$，所以 $x=2$，则 $\lambda_1 = \lambda_2 = 2$ 对应的特征向量为 $\boldsymbol{\alpha}_1 = (2,0,1)^{\mathrm{T}}, \boldsymbol{\alpha}_2 = (0,1,-1)^{\mathrm{T}}$;

当 $\lambda_3 = -1$ 时，解方程组 $(-\boldsymbol{E}-\boldsymbol{A})\boldsymbol{x}=\boldsymbol{0}$,

$$-\boldsymbol{E}-\boldsymbol{A} = \begin{pmatrix} -2 & -2 & -2 \\ 0 & -3 & 0 \\ -1 & 2 & -1 \end{pmatrix} \rightarrow \begin{pmatrix} 1 & 0 & 1 \\ 0 & 1 & 0 \\ 0 & 0 & 0 \end{pmatrix},$$

得对应的特征向量 $\boldsymbol{\alpha}_3 = (-1,0,1)^{\mathrm{T}}$.

**小结**

单根的特征值一定有一个特征向量，$k$ 重根的特征值不一定有 $k$ 个特征向量.

**例8** 已知 $\boldsymbol{\alpha} = (a_1,a_2,\cdots,a_n)^{\mathrm{T}}, \boldsymbol{\beta} = (b_1,b_2,\cdots,b_n)^{\mathrm{T}}$，且 $\boldsymbol{A} = \boldsymbol{E} + \boldsymbol{\alpha}\boldsymbol{\beta}^{\mathrm{T}}, (\boldsymbol{\alpha},\boldsymbol{\beta})=1$，求 $\boldsymbol{A}$ 的全部特征值与特征向量 $(a_i \neq 0, b_i \neq 0)$.

【解】由于 $A\boldsymbol{\alpha}=(E+\boldsymbol{\alpha\beta}^{\mathrm{T}})\boldsymbol{\alpha}=\boldsymbol{\alpha}+\boldsymbol{\alpha}(\boldsymbol{\beta}^{\mathrm{T}}\boldsymbol{\alpha})=2\boldsymbol{\alpha}$，所以 $\lambda_1=2$ 是 $A$ 的特征值，其对应的特征向量为 $\boldsymbol{\alpha}$，全部特征向量为 $k\boldsymbol{\alpha}$，其中 $k\neq0$.

又因为 $A\boldsymbol{\gamma}=(E+\boldsymbol{\alpha\beta}^{\mathrm{T}})\boldsymbol{\gamma}=\boldsymbol{\gamma}+\boldsymbol{\alpha}(\boldsymbol{\beta}^{\mathrm{T}}\boldsymbol{\gamma})$，若 $\boldsymbol{\beta}^{\mathrm{T}}\boldsymbol{\gamma}=0$，则 $A\boldsymbol{\gamma}=\boldsymbol{\gamma}$，所以 $\lambda_2=\lambda_3=\cdots\lambda_n=1$ 是 $A$ 的特征值.

又因为 $\boldsymbol{\beta}^{\mathrm{T}}\boldsymbol{\gamma}=0$ 为 $1\times n$ 的齐次线性方程，即 $\boldsymbol{\beta}^{\mathrm{T}}\boldsymbol{\gamma}=(b_1,b_2,\cdots,b_n)\begin{pmatrix}r_1\\r_2\\\vdots\\r_n\end{pmatrix}=0,$

解得 $\boldsymbol{\gamma}_1=(-b_2,b_1,0,\cdots,0)^{\mathrm{T}},\boldsymbol{\gamma}_2=(-b_3,0,b_1,\cdots,0)^{\mathrm{T}},\cdots,\boldsymbol{\gamma}_{n-1}=(-b_n,0,\cdots,0,b_1)^{\mathrm{T}},$ 所以 $\lambda_2=\lambda_3=\cdots\lambda_n=1$ 对应的特征向量为 $k_1\boldsymbol{\gamma}_1+k_2\boldsymbol{\gamma}_2+\cdots+k_{n-1}\boldsymbol{\gamma}_{n-1}$，其中 $k_i$ 不全为零，$i=1,2,\cdots,n-1$.

## 题型7 特征向量的性质（抽象型）

### 一阶溯源

**例1** 已知 $A=\begin{pmatrix}2&1\\3&2\end{pmatrix},\boldsymbol{\alpha}=(1,a)^{\mathrm{T}}$ 是 $A^{-1}$ 的特征向量，则 $a=\underline{\quad\quad}$.

【答案】$\sqrt{3}$ 或 $-\sqrt{3}$

> **线索**
> 矩阵 $A$ 与 $A^{-1}$ 的特征值不同，特征向量相同.

【解析】因为 $A$ 与 $A^{-1}$ 的特征向量相同，则有 $A\boldsymbol{\alpha}=\lambda\boldsymbol{\alpha}$，即

$$\begin{pmatrix}2&1\\3&2\end{pmatrix}\begin{pmatrix}1\\a\end{pmatrix}=\lambda\begin{pmatrix}1\\a\end{pmatrix}，得\begin{cases}2+a=\lambda,\\3+2a=\lambda a.\end{cases}$$

又因为 $A^{-1}$ 存在，所以 $\lambda\neq0$，则上式 $\dfrac{2+a}{3+2a}=\dfrac{1}{a}$，解得 $a=\sqrt{3}$ 或 $-\sqrt{3}$.

**例2** 已知 $\boldsymbol{\alpha}=(1,1,a)^{\mathrm{T}},\boldsymbol{\beta}=(1,a,-2)^{\mathrm{T}}$ 且 $A=E+\boldsymbol{\alpha\beta}^{\mathrm{T}}$，则矩阵 $A$ 中 $\lambda=3$ 的全部特征向量为 $\underline{\quad\quad}$.

【答案】$k(1,1,-1)^{\mathrm{T}},k\neq0$

> **线索**
> 由定义 $A\boldsymbol{\alpha}=\lambda\boldsymbol{\alpha}$ 求出特征向量，注意全部特征向量的表示.

【解析】由 $\boldsymbol{\alpha\beta}^{\mathrm{T}}$ 的特征值为 $0,0,1-a$ 得 $A$ 的特征值为 $1,1,2-a$，则当 $\lambda=3$ 时，得 $a=-1$.

又因为 $A\boldsymbol{\alpha}=(E+\boldsymbol{\alpha\beta}^{\mathrm{T}})\boldsymbol{\alpha}=\boldsymbol{\alpha}+\boldsymbol{\alpha}(\boldsymbol{\beta}^{\mathrm{T}}\boldsymbol{\alpha})=\boldsymbol{\alpha}+2\boldsymbol{\alpha}=3\boldsymbol{\alpha}$，所以 $\lambda=3$ 对应的特征向量为 $\boldsymbol{\alpha}$，全部特征向量为 $k\boldsymbol{\alpha}=k(1,1,-1)^{\mathrm{T}},k\neq0$.

**二阶提炼**

**例3** 已知 $A = \begin{pmatrix} 1 & -1 & a \\ 1 & 3 & -1 \\ 0 & 0 & 2 \end{pmatrix}$ 有且仅有一个线性无关的特征向量，则此特征向量

为_____.

【答案】$\boldsymbol{\alpha} = (-1, 1, 0)^{\mathrm{T}}$

【解析】由

$$|\lambda \boldsymbol{E} - \boldsymbol{A}| = \begin{vmatrix} \lambda - 1 & 1 & -a \\ -1 & \lambda - 3 & 1 \\ 0 & 0 & \lambda - 2 \end{vmatrix} = (\lambda - 2)^3 = 0$$

得 $\lambda_1 = \lambda_2 = \lambda_3 = 2$.

因为矩阵 $A$ 有且仅有一个线性无关的特征向量，所以 $R(2\boldsymbol{E} - \boldsymbol{A}) = 2$，由

$$2\boldsymbol{E} - \boldsymbol{A} = \begin{pmatrix} 1 & 1 & -a \\ -1 & -1 & 1 \\ 0 & 0 & 0 \end{pmatrix} \rightarrow \begin{pmatrix} 1 & 1 & -a \\ 0 & 0 & 1-a \\ 0 & 0 & 0 \end{pmatrix}$$

得 $1 - a \neq 0$，即 $a \neq 1$ 时，$\lambda_1 = \lambda_2 = \lambda_3 = 2$ 对应的特征向量为 $\boldsymbol{\alpha} = (-1, 1, 0)^{\mathrm{T}}$.

**例4** 已知 $A$ 是 $n$ 阶方阵，则下列结论中正确的是（　　）.

(A) 若 $\boldsymbol{\alpha}$ 是 $\boldsymbol{A}^*$ 的特征向量，则 $\boldsymbol{\alpha}$ 一定是 $\boldsymbol{A}$ 的特征向量

(B) 若 $\boldsymbol{\alpha}$ 是 $\boldsymbol{A}^2$ 的特征向量，则 $\boldsymbol{\alpha}$ 一定是 $\boldsymbol{A}$ 的特征向量

(C) 若 $\boldsymbol{\alpha}$ 是 $\boldsymbol{A}^{\mathrm{T}}$ 的特征向量，则 $\boldsymbol{\alpha}$ 一定是 $\boldsymbol{A}$ 的特征向量

(D) 若 $\boldsymbol{\alpha}$ 是 $3\boldsymbol{A}$ 的特征向量，则 $\boldsymbol{\alpha}$ 一定是 $\boldsymbol{A}$ 的特征向量

【答案】(D)

【解析】**方法一（排除法）**：设 $\boldsymbol{A} = \begin{pmatrix} 0 & 1 & 0 \\ 0 & 0 & 1 \\ 0 & 0 & 0 \end{pmatrix}$，则

$$\boldsymbol{A}^{\mathrm{T}} = \begin{pmatrix} 0 & 0 & 0 \\ 1 & 0 & 0 \\ 0 & 1 & 0 \end{pmatrix}, \boldsymbol{A}^2 = \boldsymbol{A}^* = \begin{pmatrix} 0 & 0 & 1 \\ 0 & 0 & 0 \\ 0 & 0 & 0 \end{pmatrix}.$$

显然，若 $\boldsymbol{\alpha} = (0, 0, 1)^{\mathrm{T}}$，则是 $\boldsymbol{A}^{\mathrm{T}}$ 的特征向量，而不是 $\boldsymbol{A}$ 的特征向量；

若 $\boldsymbol{\alpha} = (0, 1, 0)^{\mathrm{T}}$，则是 $\boldsymbol{A}^2, \boldsymbol{A}^*$ 的特征向量，而不是 $\boldsymbol{A}$ 的特征向量.

故选(D).

**方法二（定义法）**：因为 $\boldsymbol{\alpha}$ 是 $3\boldsymbol{A}$ 的特征向量，所以 $3\boldsymbol{A}\boldsymbol{\alpha} = \lambda\boldsymbol{\alpha}$，则 $\boldsymbol{A}\boldsymbol{\alpha} = \dfrac{\lambda}{3}\boldsymbol{\alpha}$，可知 $\boldsymbol{\alpha}$ 也是 $\boldsymbol{A}$ 的

特征向量. 而

$$(\lambda \boldsymbol{E} - \boldsymbol{A}^*)\boldsymbol{x} = \boldsymbol{0}, (\lambda \boldsymbol{E} - \boldsymbol{A}^2)\boldsymbol{x} = \boldsymbol{0}, (\lambda \boldsymbol{E} - \boldsymbol{A}^{\mathrm{T}})\boldsymbol{x} = \boldsymbol{0}$$

的解不一定是 $(\lambda \boldsymbol{E} - \boldsymbol{A})\boldsymbol{x} = \boldsymbol{0}$ 的解，所以 $\boldsymbol{\alpha}$ 不一定相同.

故选(D).

**例5** 已知 3 阶矩阵 $A$，$\boldsymbol{\alpha}_1$，$\boldsymbol{\alpha}_2$ 是齐次线性方程组 $A\boldsymbol{x}=\boldsymbol{0}$ 的解，$\boldsymbol{\alpha}_3$ 是 $A$ 的特征值 $\lambda=-2$ 对应的特征向量，则下列不是 $A$ 的特征向量的是(      ).

(A)$\boldsymbol{\alpha}_1-2\boldsymbol{\alpha}_2$        (B)$\boldsymbol{\alpha}_1+3\boldsymbol{\alpha}_2$        (C)$4\boldsymbol{\alpha}_3$        (D)$2\boldsymbol{\alpha}_2+3\boldsymbol{\alpha}_3$

【答案】(D)

【解析】**方法一**：特征向量的线性特征：$A\boldsymbol{\alpha}_1=\lambda_1\boldsymbol{\alpha}_1$，$A\boldsymbol{\alpha}_2=\lambda_2\boldsymbol{\alpha}_2$，若 $\lambda_1\neq\lambda_2$，则 $A(\boldsymbol{\alpha}_1+\boldsymbol{\alpha}_2)=\lambda_1\boldsymbol{\alpha}_1+\lambda_2\boldsymbol{\alpha}_2$，所以 $\boldsymbol{\alpha}_1+\boldsymbol{\alpha}_2$ 不是 $A$ 的特征向量.

由题意知，$A(\boldsymbol{\alpha}_1-2\boldsymbol{\alpha}_2)=A\boldsymbol{\alpha}_1-2A\boldsymbol{\alpha}_2=0\cdot\boldsymbol{\alpha}_1-2\times0\cdot\boldsymbol{\alpha}_2=0\cdot(\boldsymbol{\alpha}_1-2\boldsymbol{\alpha}_2)$，所以 $\boldsymbol{\alpha}_1-2\boldsymbol{\alpha}_2$ 是 $A$ 的特征向量.同理，$\boldsymbol{\alpha}_1+3\boldsymbol{\alpha}_2$，$4\boldsymbol{\alpha}_3$ 也是 $A$ 的特征向量.

但 $A(2\boldsymbol{\alpha}_2+3\boldsymbol{\alpha}_3)=2A\boldsymbol{\alpha}_2+3A\boldsymbol{\alpha}_3=2\times0\cdot\boldsymbol{\alpha}_2-3\times2\cdot\boldsymbol{\alpha}_3=-6\boldsymbol{\alpha}_3$，所以 $2\boldsymbol{\alpha}_2+3\boldsymbol{\alpha}_3$ 不是 $A$ 的特征向量.

故选(D).

**方法二**：特征向量的线性相关性

(A) 项，$\boldsymbol{\alpha}_1-2\boldsymbol{\alpha}_2$ 与 $\boldsymbol{\alpha}_1$，$\boldsymbol{\alpha}_2$ 线性相关性，对应的特征值为 $\lambda=0$；

(B) 项，$\boldsymbol{\alpha}_1+3\boldsymbol{\alpha}_2$ 与 $\boldsymbol{\alpha}_1$，$\boldsymbol{\alpha}_2$ 线性相关性，对应的特征值为 $\lambda=0$；

(C) 项，$4\boldsymbol{\alpha}_3$ 与 $\boldsymbol{\alpha}_3$ 线性相关性，对应的特征值为 $\lambda=-2$；

(D) 项，$2\boldsymbol{\alpha}_2+3\boldsymbol{\alpha}_3$ 与 $\boldsymbol{\alpha}_2$，$\boldsymbol{\alpha}_3$ 线性相关性，对应的特征值为 $\lambda=0$ 和 $\lambda=-2$，即 $\lambda$ 值不同.

故选(D).

**小结**

特征向量一定是线性无关且为非零列向量.

**例6** 3 阶矩阵 $A$ 的各行元素之和均为 $-2$，且 $\boldsymbol{\alpha}_1=(1,-2,1)^\mathrm{T}$，$\boldsymbol{\alpha}_2=(1,-1,0)^\mathrm{T}$ 是方程组 $A\boldsymbol{x}=\boldsymbol{0}$ 的解，设 $B=A^2-2A+3E$，则

(1) 验证：$\boldsymbol{\alpha}_1$ 也是 $B$ 的特征向量；

(2) 求 $B$ 的全部特征值与特征向量.

【解】(1) $B\boldsymbol{\alpha}_1=(A^2-2A+3E)\boldsymbol{\alpha}_1=A^2\boldsymbol{\alpha}_1-2A\boldsymbol{\alpha}_1+3\boldsymbol{\alpha}_1$
$$=\lambda_1^2\boldsymbol{\alpha}_1-2\lambda_1\boldsymbol{\alpha}_1+3\boldsymbol{\alpha}_1=(\lambda_1^2-2\lambda_1+3)\boldsymbol{\alpha}_1,$$

所以 $\boldsymbol{\alpha}_1$ 也是 $B$ 的特征向量，对应的特征值为 $\lambda_1^2-2\lambda_1+3$.

(2) 因为 $A\boldsymbol{\alpha}_1=0\cdot\boldsymbol{\alpha}_1$，$A\boldsymbol{\alpha}_2=0\cdot\boldsymbol{\alpha}_2$，且 $\boldsymbol{\alpha}_1$，$\boldsymbol{\alpha}_2$ 线性无关，所以 $\lambda_1=\lambda_2=0$ 是 $A$ 的特征值，对应的特征向量为 $\boldsymbol{\alpha}_1$，$\boldsymbol{\alpha}_2$.

又因为 $A\begin{pmatrix}1\\1\\1\end{pmatrix}=\begin{pmatrix}-2\\-2\\-2\end{pmatrix}=-2\begin{pmatrix}1\\1\\1\end{pmatrix}$，所以 $\lambda_3=-2$ 是 $A$ 的特征值，对应的特征向量为 $\boldsymbol{\alpha}_3$. 故当 $B$ 的特征值为 $\lambda_1=\lambda_2=3$ 时，对应的全部特征向量为

$$k_1\boldsymbol{\alpha}_1+k_2\boldsymbol{\alpha}_2=k_1\begin{pmatrix}1\\-2\\1\end{pmatrix}+k_2\begin{pmatrix}1\\-1\\0\end{pmatrix}，其中 k_1,k_2 不全为零.$$

当 $\boldsymbol{B}$ 的特征值为 $\lambda_3 = 11$ 时，对应的全部特征向量为 $k_3 \boldsymbol{\alpha}_3 = k_3 \begin{pmatrix} 1 \\ 1 \\ 1 \end{pmatrix}$，其中 $k_3 \neq 0$.

### 三阶突破

**例7** $n$ 阶非奇异矩阵 $\boldsymbol{A}$ 的特征值为 $\lambda$，特征向量为 $\boldsymbol{\alpha}$，证明：$\boldsymbol{A}^{-1} + f(\boldsymbol{A})$ 的特征值为 $\dfrac{1}{\lambda} + f(\lambda)$，特征向量仍为 $\boldsymbol{\alpha}$，其中 $f(x)$ 是多项式.

> **线索**
>
> 用定义 $\boldsymbol{A}\boldsymbol{\alpha} = \lambda\boldsymbol{\alpha}$ 证明.

【证明】因为 $\boldsymbol{A}\boldsymbol{\alpha} = \lambda\boldsymbol{\alpha}$，$\lambda \neq 0$，所以 $k\boldsymbol{A}\boldsymbol{\alpha} = k\lambda\boldsymbol{\alpha}$，$\boldsymbol{A}^2\boldsymbol{\alpha} = \lambda\boldsymbol{A}\boldsymbol{\alpha} = \lambda^2\boldsymbol{\alpha}$，从而有 $\boldsymbol{A}^k\boldsymbol{\alpha} = \lambda^k\boldsymbol{\alpha}$.

又 $\boldsymbol{A}^{-1}\boldsymbol{A} = \boldsymbol{E}$，所以 $\boldsymbol{A}^{-1}\boldsymbol{A}\boldsymbol{\alpha} = \boldsymbol{E}\boldsymbol{\alpha}$，即 $\boldsymbol{A}^{-1} \cdot \lambda\boldsymbol{\alpha} = \boldsymbol{\alpha}$，得 $\boldsymbol{A}^{-1}\boldsymbol{\alpha} = \dfrac{1}{\lambda}\boldsymbol{\alpha}$. $\qquad$ （*）

又因为 $f(x) = a_0 + a_1 x + \cdots + a_n x^n$，所以有 $f(\lambda) = a_0 + a_1\lambda + \cdots + a_n\lambda^n$，则

$$(a_0\boldsymbol{E} + a_1\boldsymbol{A} + a_2\boldsymbol{A}^2 + \cdots + a_n\boldsymbol{A}^n)\boldsymbol{\alpha} = a_0\boldsymbol{\alpha} + a_1\boldsymbol{A}\boldsymbol{\alpha} + a_2\boldsymbol{A}^2\boldsymbol{\alpha} + \cdots + a_n\boldsymbol{A}^n\boldsymbol{\alpha}$$

$$= a_0\boldsymbol{\alpha} + a_1\lambda\boldsymbol{\alpha} + a_2\lambda^2\boldsymbol{\alpha} + \cdots + a_n\lambda^n\boldsymbol{\alpha}$$

$$= (a_0 + a_1\lambda + a_2\lambda^2 + \cdots + a_n\lambda^n)\boldsymbol{\alpha} = f(\lambda)\boldsymbol{\alpha}. \qquad （**）$$

由（*），（**）式知 $(\boldsymbol{A}^{-1} + f(\boldsymbol{A}))\boldsymbol{\alpha} = \boldsymbol{A}^{-1}\boldsymbol{\alpha} + f(\boldsymbol{A})\boldsymbol{\alpha} = \dfrac{1}{\lambda}\boldsymbol{\alpha} + f(\lambda)\boldsymbol{\alpha} = \left(\dfrac{1}{\lambda} + f(\lambda)\right)\boldsymbol{\alpha}$.

即 $\boldsymbol{A}^{-1} + f(\boldsymbol{A})$ 的特征值为 $\dfrac{1}{\lambda} + f(\lambda)$，特征向量仍为 $\boldsymbol{\alpha}$.

> **小结**
>
> 抽象矩阵关于特征值与特征向量的证明基本都从定义入手，书写过程不要忘记它们的性质.

# 矩阵的相似对角化

## （一）矩阵相似的定义及性质

### 1.矩阵相似的定义

设 $A, B$ 是 $n$ 阶矩阵，若存在可逆矩阵 $P$，使 $B = P^{-1}AP$，则称矩阵 $A$ 与 $B$ 相似，记为 $A \sim B$.

### 2.相似矩阵的性质

若矩阵 $A \sim B$，则

（Ⅰ）(1) $| \lambda E - A | = | \lambda E - B |$；　　　　(2) $\text{tr}(A) = \text{tr}(B)$；

　　　(3) $| A | = | B |$；　　　　　　　　　　(4) $R(A) = R(B)$.

（Ⅱ）(1) $A^{\mathrm{T}} \sim B^{\mathrm{T}}$；　　　　　　　　(2) $A^{-1} \sim B^{-1}(A, B$ 可逆)；

　　　(3) $A^* \sim B^*(A, B$ 可逆)；　　　　(4) $A^n \sim B^n(n \in \mathbf{N})$.

## （二）矩阵可相似对角化

### 1.若矩阵 $A$ 能与对角阵 $\Lambda$ 相似，则称矩阵 $A$ 可相似对角化，记为 $A \sim \Lambda$，称 $\Lambda$ 是 $A$ 的相似标准形.

$$P^{-1}AP = \begin{pmatrix} \lambda_1 & & & \\ & \lambda_2 & & \\ & & \ddots & \\ & & & \lambda_n \end{pmatrix} \xlongequal{\text{记作}} \Lambda$$

$\Leftrightarrow AP = P\Lambda$（将 $P$ 按列分块即 $P = (\boldsymbol{\eta}_1, \boldsymbol{\eta}_2, \cdots, \boldsymbol{\eta}_n)$）

$$\Leftrightarrow A(\boldsymbol{\eta}_1, \boldsymbol{\eta}_2, \cdots, \boldsymbol{\eta}_n) = (\boldsymbol{\eta}_1, \boldsymbol{\eta}_2, \cdots, \boldsymbol{\eta}_n) \begin{pmatrix} \lambda_1 & & & \\ & \lambda_2 & & \\ & & \ddots & \\ & & & \lambda_n \end{pmatrix}$$

$\Leftrightarrow (A\boldsymbol{\eta}_1, A\boldsymbol{\eta}_2, \cdots, A\boldsymbol{\eta}_n) = (\lambda_1\boldsymbol{\eta}_1, \lambda_2\boldsymbol{\eta}_2, \cdots, \lambda_n\boldsymbol{\eta}_n)$

$\Leftrightarrow$ 利用矩阵相等，得到 $A\boldsymbol{\eta}_i = \lambda_i\boldsymbol{\eta}_i(\boldsymbol{\eta}_i \neq 0, i = 1, 2, \cdots, n)$.

### 2.矩阵 $A$ 可相似对角化的两个充分条件

(1) $A$ 为实对称矩阵；

(2) 矩阵 $A$ 有 $n$ 个不同的特征值.

3.矩阵 $\boldsymbol{A}$ 可相似对角化的两个充要条件

(1)$\boldsymbol{A}$ 有 $n$ 个线性无关的特征向量；

(2)对应于每个 $k_i$ 重特征值 $\lambda_i$，$\boldsymbol{A}$ 有 $k_i$ 个线性无关的特征向量，即 $n-R(\lambda_i\boldsymbol{E}-\boldsymbol{A})=k_i$.

4.判断矩阵可相似对角化的步骤

(1)若矩阵 $\boldsymbol{A}$ 是实对称矩阵，则 $\boldsymbol{A}$ 可相似对角化；

(2)否则，由 $|\lambda\boldsymbol{E}-\boldsymbol{A}|=0$ 计算矩阵 $\boldsymbol{A}$ 的特征值 $\lambda_1,\lambda_2,\cdots,\lambda_n$；

(3)若特征值 $\lambda_1,\lambda_2,\cdots,\lambda_n$ 互异，则矩阵 $\boldsymbol{A}$ 可相似对角化；

(4)否则，对每一个重特征值 $\lambda_i$，计算 $\lambda_i\boldsymbol{E}-\boldsymbol{A}$ 的秩 $R(\lambda_i\boldsymbol{E}-\boldsymbol{A})$，若 $\lambda_i$ 的重数 $k_i$ 满足 $k_i=n-R(\lambda_i\boldsymbol{E}-\boldsymbol{A})$，则矩阵 $\boldsymbol{A}$ 可相似对角化，否则不可相似对角化；

(5)若矩阵 $\boldsymbol{A}$ 可相似对角化，求 $\boldsymbol{A}$ 的特征值 $\lambda_1,\lambda_2,\cdots,\lambda_n$ 所对应的线性无关的特征向量 $\boldsymbol{\alpha}_1,\boldsymbol{\alpha}_2,\cdots,\boldsymbol{\alpha}_n$；

(6)以 $\lambda_i$ 的特征向量为列，按特征值的顺序从左往右构造可逆矩阵 $\boldsymbol{P}=(\boldsymbol{\alpha}_1,\boldsymbol{\alpha}_2,\cdots,\boldsymbol{\alpha}_n)$，与特征向量相对应，从上到下将 $\lambda_i$ 写在矩阵主对角线上构成对角矩阵 $\boldsymbol{\Lambda}$，则 $\boldsymbol{P}^{-1}\boldsymbol{A}\boldsymbol{P}=\boldsymbol{\Lambda}$.

5.利用正交矩阵化实对称矩阵为对角矩阵

(1)求特征值：由 $|\lambda\boldsymbol{E}-\boldsymbol{A}|=0$ 求出实对称矩阵 $\boldsymbol{A}$ 的特征值 $\lambda_1,\lambda_2,\cdots,\lambda_n$；

(2)求特征向量：对每个特征值 $\lambda_i$，解 $(\lambda_i\boldsymbol{E}-\boldsymbol{A})\boldsymbol{x}=\boldsymbol{0}$，求出它的基础解系 $\boldsymbol{\alpha}_1,\boldsymbol{\alpha}_2,\cdots,\boldsymbol{\alpha}_s$；

(3)正交化：利用施密特正交化方法将属于同一特征值 $\lambda_i$ 的特征向量正交化，得到 $\boldsymbol{\beta}_1,\boldsymbol{\beta}_2,\cdots,\boldsymbol{\beta}_s$；

(4)单位化：将两两正交的向量都单位化，得到 $\boldsymbol{\gamma}_1,\boldsymbol{\gamma}_2,\cdots,\boldsymbol{\gamma}_n$；

(5)构造正交矩阵 $\boldsymbol{Q}$：将得到的向量按列排成 $n$ 阶矩阵，即为所求的正交矩阵 $\boldsymbol{Q}=(\boldsymbol{\gamma}_1,\boldsymbol{\gamma}_2,\cdots,\boldsymbol{\gamma}_n)$；

(6)写出关系式：$\boldsymbol{Q}^{\mathrm{T}}\boldsymbol{A}\boldsymbol{Q}=\boldsymbol{\Lambda}=\begin{pmatrix}\lambda_1 & & \\ & \ddots & \\ & & \lambda_n\end{pmatrix}$，其中 $\lambda_i$ 是与 $\boldsymbol{Q}$ 中的列向量相对应的特征值.

## 进阶专项题

题型1 判断矩阵能否相似对角化

一阶溯源

例1 已知 3 阶矩阵 $\boldsymbol{A}=\begin{pmatrix}1 & -3 & 0 \\ 0 & 1 & 0 \\ 0 & 0 & 2\end{pmatrix}$，则 $\boldsymbol{A}$ _____（填"可以"或"不可以"）相似对角化.

【答案】不可以

当矩阵有重特征值时,特征值对应的线性无关的特征向量个数和特征值的重数不相等时,矩阵不可以相似对角化.

【解析】由于矩阵 $A$ 为上三角形矩阵,所以特征值为主对角线元素,即矩阵 $A$ 的特征值为 $1,1,2$,特征值1是矩阵 $A$ 的二重特征值,但 $3-R(E-A)=1$ 不等于特征值1的重数,所以矩阵 $A$ 不可以相似对角化.

**例2** 已知3阶矩阵 $A = \begin{pmatrix} 1 & 0 & 0 \\ 0 & 1 & -3 \\ 0 & 0 & 2 \end{pmatrix}$,则 $A$ _____(填"可以"或"不可以")相似对角化.

【答案】可以

当矩阵有重特征值时,特征值对应的线性无关的特征向量个数和特征值的重数相等时,矩阵可以相似对角化.

【解析】由于矩阵 $A$ 为上三角形矩阵,所以特征值为主对角线元素,即矩阵 $A$ 的特征值为 $1,1,2$,特征值1是矩阵 $A$ 的二重特征值,且 $3-R(E-A)=2$ 等于特征值1的重数,所以矩阵 $A$ 可以相似对角化.

**二阶提炼**

**例3** 下列矩阵不能相似对角化的为( ).

(A) $\begin{pmatrix} 1 & 0 & 0 \\ -1 & 0 & 0 \\ 3 & 2 & 2 \end{pmatrix}$ (B) $\begin{pmatrix} 0 & 2 & 1 \\ 0 & 0 & 0 \\ 0 & 0 & 3 \end{pmatrix}$ (C) $\begin{pmatrix} 1 & 1 & 1 \\ 2 & 2 & 2 \\ 3 & 3 & 3 \end{pmatrix}$ (D) $\begin{pmatrix} 2 & 1 & -1 \\ 1 & 2 & 0 \\ -1 & 0 & 2 \end{pmatrix}$

【答案】(B)

【解析】(A) 项中矩阵的特征值为 $1,0,2$,故矩阵可相似对角化.(B) 项中矩阵的特征值为 $0,0,3$,有二重特征值0,且 $3-R(0E-A)=1$,故矩阵不可相似对角化.(C) 项中矩阵的特征值为 $0,0,6$,有二重特征值0,且 $3-R(0E-A)=2$,故矩阵可相似对角化.(D) 项中矩阵为实对称矩阵,故必可相似对角化.

**小结**

矩阵相似对角化的判定方法:(1) 实对称矩阵可相似对角化;(2)$n$ 阶矩阵有 $n$ 个不同特征值,矩阵可以相似对角化;(3)$n-R(\lambda E-A)=\lambda$ 重数,矩阵 $A$ 可以相似对角化;(4)$n$ 阶矩阵有 $n$ 个线性无关的特征向量,矩阵 $A$ 可以相似对角化.

**例4** 求矩阵 $A = \begin{pmatrix} 3 & 1 & 0 \\ -4 & -1 & 0 \\ 4 & 8 & -2 \end{pmatrix}$ 的特征值和特征向量,则 $A$ 是否相似于对角阵,为什么?

【解】由 $|\lambda \boldsymbol{E} - \boldsymbol{A}| = \begin{vmatrix} \lambda - 3 & -1 & 0 \\ 4 & \lambda + 1 & 0 \\ -4 & -8 & \lambda + 2 \end{vmatrix} = (\lambda + 2) \begin{vmatrix} \lambda - 3 & -1 \\ 4 & \lambda + 1 \end{vmatrix}$

$$= (\lambda + 2)(\lambda^2 - 2\lambda + 1) = (\lambda + 2)(\lambda - 1)^2$$

得 $\boldsymbol{A}$ 的特征值为 $\lambda_1 = -2, \lambda_2 = \lambda_3 = 1$,

当 $\lambda_1 = -2$ 时,解 $(-2\boldsymbol{E} - \boldsymbol{A})\boldsymbol{x} = \boldsymbol{0}$ 得 $\boldsymbol{\alpha}_1 = (0, 0, 1)^{\mathrm{T}}$;

当 $\lambda_2 = \lambda_3 = 1$ 时,解 $(\boldsymbol{E} - \boldsymbol{A})\boldsymbol{x} = \boldsymbol{0}$ 得 $\boldsymbol{\alpha}_2 = (-1, 2, 4)^{\mathrm{T}}$.

故矩阵 $\boldsymbol{A}$ 的特征值为 $\lambda_1 = -2, \lambda_2 = \lambda_3 = 1$,且特征值 $\lambda_1 = -2$ 对应的全部特征向量为 $k_1 \boldsymbol{\alpha}_1 = k_1 (0, 0, 1)^{\mathrm{T}}, k_1$ 为非零实数,特征值 $\lambda_2 = \lambda_3 = 1$ 对应的全部特征向量为 $k_2 \boldsymbol{\alpha}_2 = k_2 (-1, 2, 4)^{\mathrm{T}}$, $k_2$ 为非零实数.故矩阵 $\boldsymbol{A}$ 不可相似对角化.

**小结**

当矩阵有重特征值,且特征值对应的线性无关的特征向量个数和特征值的重数不相等时,矩阵不可以相似对角化.

**例5** 已知矩阵 $\boldsymbol{A} = \begin{pmatrix} 2 & 0 & 0 \\ 2 & 3 & 0 \\ b & 2 & a \end{pmatrix}$,讨论参数 $a, b$ 为何值时,矩阵 $\boldsymbol{A}$ 可相似对角化.

【解】当 $a \neq 2$ 且 $a \neq 3$ 时,矩阵 $\boldsymbol{A}$ 有 3 个不同的特征值,故 $\boldsymbol{A}$ 可相似对角化;

当 $a = 2$ 时,$\boldsymbol{A}$ 的特征值为 $\lambda_1 = \lambda_2 = 2, \lambda_3 = 3$,又

$$2\boldsymbol{E} - \boldsymbol{A} = \begin{pmatrix} 0 & 0 & 0 \\ -2 & -1 & 0 \\ -b & -2 & 0 \end{pmatrix},$$

当 $b = 4$ 时,$R(2\boldsymbol{E} - \boldsymbol{A}) = 1$,此时矩阵 $\boldsymbol{A}$ 可相似对角化;

当 $a = 3$ 时,$\boldsymbol{A}$ 的特征值为 $\lambda_1 = \lambda_2 = 3, \lambda_3 = 2$,又

$$3\boldsymbol{E} - \boldsymbol{A} = \begin{pmatrix} 1 & 0 & 0 \\ -2 & 0 & 0 \\ -b & -2 & 0 \end{pmatrix},$$

无论 $b$ 为何值时,$R(3\boldsymbol{E} - \boldsymbol{A}) = 2$,此时矩阵 $\boldsymbol{A}$ 不可相似对角化.

综上所述,当 $a \neq 2$ 且 $a \neq 3$ 或者 $a = 2, b = 4$ 时,矩阵 $\boldsymbol{A}$ 可相似对角化.

**小结**

(1) $n - R(\lambda \boldsymbol{E} - \boldsymbol{A}) = \lambda$ 重数,矩阵 $\boldsymbol{A}$ 可以相似对角化;(2) $n - R(\lambda \boldsymbol{E} - \boldsymbol{A}) \neq \lambda$ 重数,矩阵 $\boldsymbol{A}$ 不可以相似对角化.

**三阶突破**

例6 设矩阵 $A = \begin{pmatrix} -1 & a & 0 \\ -4 & 3 & 0 \\ 1 & -\frac{1}{4} & 2 \end{pmatrix}$ 的特征方程有一个二重根,讨论 $a$ 为何值时,矩阵 $A$

可相似对角化.

线索

先确定特征方程有的二重根是哪个,再利用 $n - R(\lambda E - A)$ 和 $\lambda$ 重数的关系判断矩阵是否可以相似对角化.

【解】由 $|\lambda E - A| = \begin{vmatrix} \lambda+1 & -a & 0 \\ 4 & \lambda-3 & 0 \\ -1 & \frac{1}{4} & \lambda-2 \end{vmatrix} = (\lambda - 2)(\lambda^2 - 2\lambda - 3 + 4a),$

当 $\lambda = 2$ 是 $A$ 的二重特征根,此时 2 是 $\lambda^2 - 2\lambda - 3 + 4a = 0$ 的根,解得 $a = \frac{3}{4}$,此时属于特征值 2 对应的线性无关的特征向量个数为 $3 - R(2E - A) = 2$,与 $\lambda = 2$ 的重数相等,所以 $a = \frac{3}{4}$ 时,矩阵 $A$ 可相似对角化.

当 $\lambda = 2$ 是 $A$ 的特征方程的单根,此时 $\lambda^2 - 2\lambda - 3 + 4a = (\lambda - 1)^2 + 4a - 4$ 是一个二重因式,解的 $a = 1$,此时属于特征值 1 对应的线性无关的特征向量个数为 $3 - R(E - A) = 1$,不等于 $\lambda = 1$ 的重数. 所以 $a = 1$ 时,矩阵 $A$ 不可相似对角化.

综上所述,当 $a = \frac{3}{4}$ 时,矩阵 $A$ 可相似对角化.

小结

(1) $n - R(\lambda E - A) = \lambda$ 重数,矩阵 $A$ 可以相似对角化;(2) $n - R(\lambda E - A) \neq \lambda$ 重数,矩阵 $A$ 不可以相似对角化.

例7 设 $A = \begin{pmatrix} 1 & 0 & 2 \\ 0 & 1 & 4 \\ a+5 & -a-2 & 2a \end{pmatrix}$,问 $a$ 为何值时,矩阵 $A$ 能对角化?

线索

计算矩阵 $A$ 的特征值,讨论参数的取值,确定矩阵 $A$ 的特征值的情况,然后判断 $A$ 是否可以对角化.

【解】由

$$|\lambda E - A| = \begin{vmatrix} \lambda-1 & 0 & -2 \\ 0 & \lambda-1 & -4 \\ -a-5 & a+2 & \lambda-2a \end{vmatrix} = \begin{vmatrix} \lambda-1 & 0 & -2 \\ -2(\lambda-1) & \lambda-1 & 0 \\ -a-5 & a+2 & \lambda-2a \end{vmatrix}$$

$$= \begin{vmatrix} \lambda - 1 & 0 & -2 \\ 0 & \lambda - 1 & 0 \\ a-1 & a+2 & \lambda - 2a \end{vmatrix} = (\lambda - 1)(\lambda - 2)(\lambda - (2a-1))$$

得 $A$ 的特征值为 $\lambda_1 = 1, \lambda_2 = 2, \lambda_3 = 2a-1$.

当 $a \neq 1$ 且 $a \neq \dfrac{3}{2}$ 时, $A$ 有 3 个不同的特征值, 故矩阵 $A$ 可相似对角化;

当 $a = 1$ 时, 特征值 1 为 $A$ 的 2 重特征值, 属于特征值 1 的线性无关的特征向量个数为 $3 - R(A - E) = 1$, 故 $A$ 不可相似对角化;

当 $a = \dfrac{3}{2}$ 时, 特征值 2 为 $A$ 的 2 重特征值, 属于特征值 2 的线性无关的特征向量个数为 $3 - R(A - 2E) = 1$, 故 $A$ 不可相似对角化.

**小结**

(1) 矩阵 $A$ 有 $n$ 个不同的特征值, 矩阵 $A$ 可以相似对角化; (2) $n - R(\lambda E - A) = \lambda$ 重数, 矩阵 $A$ 可以相似对角化; (3) $n - R(\lambda E - A) \neq \lambda$ 重数, 矩阵 $A$ 不可以相似对角化.

**例8** 设 $A = \begin{pmatrix} 0 & 0 & 2 \\ x & 2 & y \\ 2 & 0 & 0 \end{pmatrix}$ 有 3 个线性无关的特征向量, 求 $x$ 和 $y$ 应满足的条件.

**线索**

矩阵 $A$ 有 3 个线性无关的特征向量, 则 $A$ 可以相似对角化.

**【解】** 由 $|\lambda E - A| = \begin{vmatrix} \lambda & 0 & -2 \\ -x & \lambda - 2 & -y \\ -2 & 0 & \lambda \end{vmatrix} = (\lambda - 2)^2 (\lambda + 2)$ 得 $\lambda_1 = \lambda_2 = 2, \lambda_3 = -2$.

又 $A$ 有 3 个线性无关的特征向量, 因此属于特征值 $\lambda_1 = \lambda_2 = 2$ 的特征向量有两个是线性无关的, 即 $3 - R(2E - A) = 2$. 又 $2E - A = \begin{pmatrix} 2 & 0 & -2 \\ -x & 0 & -y \\ -2 & 0 & 2 \end{pmatrix}$, 所以 $x$ 和 $y$ 应满足的条件为 $x + y = 0$.

**小结**

矩阵可以相似对角化, 则 $n - R(\lambda E - A) = \lambda$ 重数.

**例9** 证明 $n$ 阶矩阵 $A = \begin{pmatrix} 1+b & 2 & 3 & \cdots & n \\ 1 & 2+b & 3 & \cdots & n \\ 1 & 2 & 3+b & \cdots & n \\ \vdots & \vdots & \vdots & & \vdots \\ 1 & 2 & 3 & \cdots & n+b \end{pmatrix}$ 可相似对角化.

**线索**

不是实对称矩阵,先求特征值,根据特征值的情况决定用什么方法判断矩阵可以相似对角化.

【证明】由 $|\lambda E - A| = \begin{vmatrix} \lambda-1-b & -2 & -3 & \cdots & -n \\ -1 & \lambda-2-b & -3 & \cdots & -n \\ -1 & -2 & \lambda-3-b & \cdots & -n \\ \vdots & \vdots & \vdots & & \vdots \\ -1 & -2 & -3 & \cdots & \lambda-n-b \end{vmatrix}$

$$= \left(\lambda - \frac{n(n+1)}{2} - b\right) \begin{vmatrix} 1 & -2 & -3 & \cdots & -n \\ 1 & \lambda-2-b & -3 & \cdots & -n \\ 1 & -2 & \lambda-3-b & \cdots & -n \\ \vdots & \vdots & \vdots & & \vdots \\ 1 & -2 & -3 & \cdots & \lambda-n-b \end{vmatrix}$$

$$= \left(\lambda - \frac{n(n+1)}{2} - b\right) \begin{vmatrix} 1 & 0 & 0 & \cdots & 0 \\ 1 & \lambda-b & 0 & \cdots & 0 \\ 1 & 0 & \lambda-b & \cdots & 0 \\ \vdots & \vdots & \vdots & & \vdots \\ 1 & 0 & 0 & \cdots & \lambda-b \end{vmatrix}$$

$$= \left(\lambda - \frac{n(n+1)}{2} - b\right)(\lambda - b)^{n-1},$$

得 $A$ 的特征值为 $\lambda_1 = \dfrac{n(n+1)}{2} + b$, $\lambda_2 = \lambda_3 = \cdots = \lambda_n = b$.

因为属于特征值 $\lambda_2 = \lambda_3 = \cdots = \lambda_n = b$ 的线性无关的特征向量有 $n - R(bE - A) = n - 1$ 个,等于特征值 $b$ 的重数,所以矩阵 $A$ 可相似对角化.

**小结**

本题也可以用 $A - bE$ 可以相似对角化,则 $A$ 也可以相似对角化,请读者自行证明.

**题型2** 矩阵相似性质的应用

**☞一阶溯源**

**例1** $n$ 阶矩阵 $A$ 和 $B$ 相似,则下列结论错误的是( ).

(A) 矩阵 $A$ 和 $B$ 有相同的特征值　　(B) 矩阵 $A$ 和 $B$ 有相同的特征向量

(C) 矩阵 $A$ 和 $B$ 有相同的特征多项式　　(D) 矩阵 $A$ 和 $B$ 的迹相等

【答案】(B)

【解析】两个矩阵相似,则它们有相同的秩、迹、行列式、特征值、特征多项式,但不一定有相同的特征向量.

故选(B).

例2 已知 $A = \begin{pmatrix} -2 & 0 & 0 \\ 5 & -3 & 1 \\ a & -2 & 0 \end{pmatrix}$ 与 $B = \begin{pmatrix} -2 & 0 & 0 \\ 0 & -2 & 0 \\ 0 & 0 & -1 \end{pmatrix}$ 相似,则 $a = $ _____.

【答案】10

【解析】因为 $A = \begin{pmatrix} -2 & 0 & 0 \\ 5 & -3 & 1 \\ a & -2 & 0 \end{pmatrix}$ 与 $B = \begin{pmatrix} -2 & 0 & 0 \\ 0 & -2 & 0 \\ 0 & 0 & -1 \end{pmatrix}$ 相似,则 $\lambda = -2$ 是 $A$ 的二重特

征值,$R(-2E-A) = 1$,所以有

$$-2E - A = \begin{pmatrix} 0 & 0 & 0 \\ -5 & 1 & -1 \\ -a & 2 & -2 \end{pmatrix} \rightarrow \begin{pmatrix} 0 & 0 & 0 \\ -5 & 1 & -1 \\ 10-a & 0 & 0 \end{pmatrix},$$

故 $a = 10$.

二阶提炼

例3 设 $\boldsymbol{\alpha} = (1,0,1)^{\mathrm{T}}, \boldsymbol{\beta} = (1,2,k)^{\mathrm{T}}$,若矩阵 $\boldsymbol{\alpha}\boldsymbol{\beta}^{\mathrm{T}}$ 相似于 $\begin{pmatrix} 1 & 0 & 0 \\ 0 & 0 & 0 \\ 0 & 0 & 0 \end{pmatrix}$,则 $k = $ _____.

【答案】0

【解析】两个矩阵相似,则矩阵的迹相等,又 $\mathrm{tr}(\boldsymbol{\alpha}\boldsymbol{\beta}^{\mathrm{T}}) = k+1, \mathrm{tr}\begin{pmatrix} 1 & 0 & 0 \\ 0 & 0 & 0 \\ 0 & 0 & 0 \end{pmatrix} = 1$,故 $k = 0$.

例4 已知 3 阶矩阵 $A$ 满足 $P^{-1}AP = \begin{pmatrix} -1 & & \\ & -1 & \\ & & 1 \end{pmatrix}$,则 $R(A+E) + R(A-E)$

= _____.

【答案】3

【解析】由已知得 3 阶矩阵 $A$ 的特征值 $\lambda_1=\lambda_2=-1,\lambda_3=1$,所以 $A+E$ 的特征值为 $0,0,2$,$A-E$ 的特征值为 $-2,-2,0$,又 $A+E$ 与 $A-E$ 均可相似对角化,所以 $R(A+E)=1,R(A-E)=2$,故 $R(A+E)+R(A-E)=3$.

**小结**

可相似对角化的矩阵的秩等于非零特征值个数.

**例5** 设 3 阶矩阵 $A$ 与 $B$ 相似,且 $A$ 的特征值互不相同,$|A|=0$,则 $R(B)=$ _____.

【答案】2

【解析】因为矩阵 $A$ 的特征值互不相同,所以矩阵 $A$ 可以相似对角化.又 $|A|=0$,所以 $A$ 有两个非零特征值,所以 $R(A)=2$.又矩阵 $A$ 与 $B$ 相似,故 $R(B)=2$.

**小结**

矩阵可以相似对角化,求矩阵的秩可以利用非零特征值个数求.

**三阶突破**

**例6** 设 3 阶矩阵 $A$ 与 $B$ 相似,$|A|=1$,$|E+2B|=|E+3B|=0$,计算 $|A^*B-3A^*+B-3E|=$ _____.

【答案】$\dfrac{245}{3}$

**线索**

根据 $|E+2B|=|E+3B|=0$ 得到矩阵 $B$ 的部分特征值,再由矩阵 $A$ 与 $B$ 相似及 $|A|=1$,可以得到矩阵 $A$ 与 $B$ 的特征值,进而可以得到 $f(A)$ 与 $f(B)$ 的特征值.

【解析】由 $|E+2B|=|E+3B|=0$ 得 $-\dfrac{1}{2},-\dfrac{1}{3}$ 是 $B$ 的特征值.又矩阵 $A$ 与 $B$ 相似,

所以 $|B|=|A|=1$,所以 $B$ 的 3 个特征值分别为 $-\dfrac{1}{2},-\dfrac{1}{3},6$,所以 $A$ 的 3 个特征值也为 $-\dfrac{1}{2}$,

$-\dfrac{1}{3},6$,所以 $A^*+E$ 的特征值为 $-1,-2,\dfrac{7}{6}$,$B-3E$ 的特征值为 $-\dfrac{7}{2},-\dfrac{10}{3},3$,故

$$
\begin{aligned}
|A^*B-3A^*+B-3E| &= |A^*(B-3E)+B-3E| \\
&= |(A^*+E)(B-3E)| = |A^*+E||B-3E| \\
&= (-1)\times(-2)\times\dfrac{7}{6}\times\left(-\dfrac{7}{2}\right)\times\left(-\dfrac{10}{3}\right)\times 3 = \dfrac{245}{3}.
\end{aligned}
$$

**小结**

求抽象矩阵的行列式,已知条件中有矩阵特征值的信息,通常用特征值之积等于行列式来求.

**例7** 已知矩阵 $A$ 与 $B$ 相似，其中 $A=\begin{pmatrix} 1 & a & -1 \\ 1 & 5 & 1 \\ 4 & 12 & 6 \end{pmatrix}$，$B=\begin{pmatrix} b & 0 & 0 \\ 0 & b & 0 \\ 0 & 0 & c \end{pmatrix}$，求 $a,b,c$ 的值.

**线索**

求 $a,b,c$ 的值，要找到有关 $a,b,c$ 的三个等式，根据矩阵相似及相似的性质可以找到三个等式.

**【解】** 矩阵 $A$ 与对角矩阵 $B$ 相似，则 $\operatorname{tr}(A)=\operatorname{tr}(B)$，且 $A$ 与 $B$ 的特征值相等，即 $1+5+6=2b+c$ 且 $A$ 的特征值为 $b,b,c$.

又矩阵 $A-bE$ 与 $B-bE$ 相似，则 $R(A-bE)=R(B-bE)=1$.

又 $A-bE=\begin{pmatrix} 1-b & a & -1 \\ 1 & 5-b & 1 \\ 4 & 12 & 6-b \end{pmatrix}$，由于秩为 1 的矩阵，其任意两行对应分量成比例，

则 $1-b=-1$，$a=-(5-b)$，解方程组得 $a=-3,b=2,c=8$.

**小结**

矩阵 $A$ 与 $B$ 相似的性质需要灵活掌握，进而求出相似矩阵中的参数.

**例8** 设 $A,B$ 均为 $n$ 阶实矩阵，且 $A$ 与 $B$ 相似，则下列选项正确的是（　　）.

(A) 存在有限个初等矩阵 $P_1,P_2,\cdots,P_l$，使得 $P_l^{-1}\cdots P_2^{-1}P_1^{-1}AP_1P_2\cdots P_l=B$

(B) 存在可逆矩阵 $P$，使得 $P^{\mathrm{T}}AP=B$

(C) 存在正交矩阵 $Q$，使得 $Q^{\mathrm{T}}AQ=B$

(D) 存在对角矩阵 $\Lambda$，使得 $A,B$ 均与 $\Lambda$ 相似

**【答案】**（A）

**线索**

矩阵 $A$ 与 $B$ 相似，得到矩阵 $A$ 与 $B$ 相似的定义，结合可逆矩阵和初等矩阵的关系即可选出正确选项.

**【解析】** 因为 $A$ 与 $B$ 相似，则存在可逆矩阵 $P$，使得 $P^{-1}AP=B$，又可逆矩阵均能写成有限个初等矩阵乘积，所以令 $P=P_1P_2\cdots P_l$，则存在有限个初等矩阵 $P_1,P_2,\cdots,P_l$，使得 $P_l^{-1}\cdots P_2^{-1}P_1^{-1}AP_1P_2\cdots P_l=B$，所以（A）项正确；（B）项不是相似，是 $A$ 与 $B$ 合同；矩阵 $A,B$ 不是实对称矩阵，所以（C）项不正确；$A,B$ 不一定可相似对角化，所以（D）项不正确.

故选（A）.

**小结**

两个矩阵相似，可以得到相似的定义和性质，从哪方面思考，要通过选项的特点判定.

题型3 判断两个矩阵是否相似

一阶溯源

例1 判断：设 $A,B$ 为 3 阶矩阵,且 $R(A)=R(B)$,则 $A$ 与 $B$ 为相似矩阵.

【答案】错误

线索

直接考查矩阵相似的性质.

【解析】矩阵的秩相等,矩阵不一定相似. 例 $A=\begin{pmatrix} 1 & -1 & 3 \\ 0 & 2 & 0 \\ 0 & 0 & 3 \end{pmatrix}, B=\begin{pmatrix} -1 & -1 & 3 \\ 0 & 2 & 0 \\ 0 & 0 & 3 \end{pmatrix}$,

$R(A)=R(B)=3$,但 $A$ 与 $B$ 的特征值不相等,所以 $A$ 与 $B$ 不是相似矩阵.

例2 判断：设 $A,B$ 为 $n$ 阶相似矩阵,且 $A$ 可逆,则 $AB$ 与 $BA$ 相似.

【答案】正确

线索

考查矩阵相似的定义.

【解析】由 $A,B$ 为相似矩阵知:存在可逆矩阵 $P$,使得 $P^{-1}AP=B$. 又 $A$ 可逆,则 $A^{-1}(AB)A=BA$,故 $AB$ 与 $BA$ 相似.

二阶提炼

例3 已知矩阵 $A=\begin{pmatrix} 1 & 5 \\ 0 & 3 \end{pmatrix}$,那么下列矩阵中

(1) $\begin{pmatrix} 3 & 0 \\ 4 & 1 \end{pmatrix}$;    (2) $\begin{pmatrix} 3 & -2 \\ 0 & 1 \end{pmatrix}$;    (3) $\begin{pmatrix} 1 & 2 \\ 3 & 4 \end{pmatrix}$;    (4) $\begin{pmatrix} 2 & -1 \\ -1 & 2 \end{pmatrix}$.

与矩阵 $A$ 相似的矩阵个数为(   ).

(A)1     (B)2     (C)3     (D)4

【答案】(C)

【解析】$A$ 的特征值为 $1,3$,所以 $A$ 与 $\begin{pmatrix} 1 & 0 \\ 0 & 3 \end{pmatrix}$ 相似,(1)、(2) 矩阵的特征值均为 $1,3$,则(1)、(2) 均与 $\begin{pmatrix} 1 & 0 \\ 0 & 3 \end{pmatrix}$ 相似,所以 $A$ 与(1)、(2) 均相似,(3) 矩阵的迹与 $A$ 的迹不等,所以 $A$ 与(3) 不相似,(4) 矩阵的特征值为 $1,3$,则(4) 与 $\begin{pmatrix} 1 & 0 \\ 0 & 3 \end{pmatrix}$ 相似,所以 $A$ 与(4) 相似,故(1)、(2)、(4) 均与 $A$ 相似.

故选(C).

小结

若矩阵可相似对角化,则两个矩阵的特征值相同,那么两个矩阵就相似.

**例4** $n$ 阶矩阵 $A$ 和 $B$ 相似,则下列结论正确的是(    ).

(A) 矩阵 $A^T$ 和 $B^T$ 相似

(B) 矩阵 $A^{-1}$ 和 $B^{-1}$ 相似

(C) 矩阵 $A^*$ 和 $B^*$ 相似

(D) 矩阵 $A,B$ 与同一个对角矩阵相似

【答案】(A)

【解析】矩阵 $A$ 和 $B$ 相似,则存在可逆矩阵 $P$,使得 $P^{-1}AP=B$,所以 $(P^{-1}AP)^T=B^T$,即 $P^TA^T(P^{-1})^T=B^T$,则矩阵 $A^T$ 和 $B^T$ 相似,(A) 项正确.矩阵 $A$ 和 $B$ 不一定可逆,所以(B)、(C) 两项不正确,矩阵 $A,B$ 不一定能相似对角化.

故选(A).

**小结**
> 考查相似的性质及相似的定义.

**例5** 设 $A,B$ 为 $n$ 阶方阵,且对于任意的 $\lambda$,有 $|\lambda E-A|=|\lambda E-B|$,则(    ).

(A) 矩阵 $A$ 与 $B$ 相似

(B) 矩阵 $A$ 与 $B$ 合同

(C) 矩阵 $A$ 与 $B$ 等价

(D) $|\lambda E+A|=|\lambda E+B|$

【答案】(D)

【解析】取 $A=\begin{pmatrix} 0 & 1 \\ 0 & 0 \end{pmatrix}$,$B=\begin{pmatrix} 0 & 0 \\ 0 & 0 \end{pmatrix}$,则 $A,B$ 的特征多项式相同,但 $A,B$ 不相似,排除 (A).同时,由于矩阵 $A,B$ 的秩不相等,故可排除(B)、(C) 两项.

由 $|\lambda E-A|=|\lambda E-B|$ 可知,矩阵 $A$ 和 $B$ 有相同的特征值 $\lambda_1,\lambda_2,\cdots,\lambda_n$,从而 $\lambda E+A$ 与 $\lambda E+B$ 有相同的特征值 $\lambda+\lambda_1,\lambda+\lambda_2,\cdots,\lambda+\lambda_n$,所以 $|\lambda E+A|=|\lambda E+B|=(\lambda+\lambda_1)(\lambda+\lambda_2)\cdots(\lambda+\lambda_n)$,

故选(D).

**小结**
> 两个矩阵特征值相同,矩阵不一定相似、合同、等价.

**例6** 设 $A$ 为 3 阶矩阵,交换 $A$ 的第 1 列和第 2 列,再交换 $A$ 的第 1 行和第 2 行得 $B$,则
(1) $|A|=|B|$;    (2) $R(A)=R(B)$;    (3)$A$ 与 $B$ 相似.
其中成立的有(    ).

(A)0 个            (B)1 个            (C)2 个            (D)3 个

【答案】(D)

【解析】根据左行右列法则,得 $E_{12}AE_{12}=B$,又 $E_{12}^{-1}=E_{12}$,所以有 $E_{12}^{-1}AE_{12}=B$,则 $A$ 与 $B$ 相似,故 $|A|=|B|$,$R(A)=R(B)$.

故选(D).

**小结**
> 结合初等变换和初等矩阵,构造等式关系,得到矩阵相似的定义,由 $A$ 与 $B$ 相似的性质得到其他结论.

三阶突破

**例7** 矩阵 $\boldsymbol{A} = \begin{pmatrix} 1 & 2 & 2 \\ 2 & 1 & 2 \\ 2 & 2 & 1 \end{pmatrix}$ 与矩阵 $\boldsymbol{B} = \begin{pmatrix} 1 & 0 & 0 \\ 0 & -5 & 0 \\ 0 & 0 & -1 \end{pmatrix}$ （　　）.

（A）相似且合同　　　　　　　　　　（B）相似但不合同

（C）合同但不相似　　　　　　　　　　（D）既不相似也不合同

【答案】(C)

线索

两个矩阵的正、负特征值个数相同,则两个矩阵合同,但不一定相似.

【解析】由

$$|\lambda \boldsymbol{E} - \boldsymbol{A}| = \begin{vmatrix} \lambda-1 & -2 & -2 \\ -2 & \lambda-1 & -2 \\ -2 & -2 & \lambda-1 \end{vmatrix} = \begin{vmatrix} \lambda-5 & -2 & -2 \\ \lambda-5 & \lambda-1 & -2 \\ \lambda-5 & -2 & \lambda-1 \end{vmatrix}$$

$$= (\lambda-5)\begin{vmatrix} 1 & -2 & -2 \\ 1 & \lambda-1 & -2 \\ 1 & -2 & \lambda-1 \end{vmatrix} = (\lambda-5)\begin{vmatrix} 1 & -2 & -2 \\ 0 & \lambda+1 & 0 \\ 0 & 0 & \lambda+1 \end{vmatrix} = (\lambda-5)(\lambda+1)^2$$

得 $\boldsymbol{A}$ 有特征值 $5, -1, -1$,故 $\boldsymbol{A}$ 与 $\boldsymbol{B}$ 不相似,但 $\boldsymbol{A}, \boldsymbol{B}$ 有相同的正、负惯性指数,故 $\boldsymbol{A}$ 合同于 $\boldsymbol{B}$.

故选(C).

小结

两个实对称矩阵相似,则一定合同,但两个实对称矩阵合同不一定相似.

**例8** （2018）下列矩阵中,与矩阵 $\begin{pmatrix} 1 & 1 & 0 \\ 0 & 1 & 1 \\ 0 & 0 & 1 \end{pmatrix}$ 相似的为（　　）.

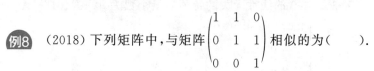

(A) $\begin{pmatrix} 1 & 1 & -1 \\ 0 & 1 & 1 \\ 0 & 0 & 1 \end{pmatrix}$ 　　　　　　　　　　(B) $\begin{pmatrix} 1 & 0 & -1 \\ 0 & 1 & 1 \\ 0 & 0 & 1 \end{pmatrix}$

(C) $\begin{pmatrix} 1 & 1 & -1 \\ 0 & 1 & 0 \\ 0 & 0 & 1 \end{pmatrix}$ 　　　　　　　　　　(D) $\begin{pmatrix} 1 & 0 & -1 \\ 0 & 1 & 0 \\ 0 & 0 & 1 \end{pmatrix}$

【答案】(A)

线索

题中五个矩阵均不可相似对角化,利用若两个矩阵相似,则它们特征值对应的线性无关的特征向量个数相同,排除其他选项.

【解析】设 $A = \begin{pmatrix} 1 & 1 & 0 \\ 0 & 1 & 1 \\ 0 & 0 & 1 \end{pmatrix}$，$A$ 和各选项中的矩阵的特征值均为 $\lambda_1 = \lambda_2 = \lambda_3 = 1$，其中矩阵 $A$ 的线性无关的特征向量为 $\boldsymbol{\alpha}_1 = (1,0,0)^{\mathrm{T}}$，(A) 项的线性无关的特征向量为 $\boldsymbol{\alpha}_1 = (1,0,0)^{\mathrm{T}}$，(B) 项的线性无关的特征向量为 $\boldsymbol{\alpha}_1 = (1,0,0)^{\mathrm{T}}$，$\boldsymbol{\alpha}_2 = (1,1,0)^{\mathrm{T}}$，(C) 项的线性无关的特征向量为 $\boldsymbol{\alpha}_1 = (1,0,0)^{\mathrm{T}}$，$\boldsymbol{\alpha}_2 = (0,1,1)^{\mathrm{T}}$，(D) 项的线性无关的特征向量为 $\boldsymbol{\alpha}_1 = (1,0,0)^{\mathrm{T}}$，$\boldsymbol{\alpha}_2 = (1,1,0)^{\mathrm{T}}$．因为相似矩阵有相同的特征值且对应的线性无关的特征向量个数相同，所以只有(A) 项符合要求．

故选(A)．

**小结**

当矩阵均不可相似对角化时，考虑利用矩阵相似的性质来排除选项．

**例9** 证明 $n$ 阶矩阵 $A = \begin{pmatrix} 1 & 1 & 1 & \cdots & 1 \\ 2 & 2 & 2 & \cdots & 2 \\ 3 & 3 & 3 & \cdots & 3 \\ \vdots & \vdots & \vdots & & \vdots \\ n & n & n & \cdots & n \end{pmatrix}$ 与 $B = \begin{pmatrix} \dfrac{n(n+1)}{2} & 0 & 0 & \cdots & 0 \\ 2 & 0 & 0 & \cdots & 0 \\ 3 & 0 & 0 & \cdots & 0 \\ \vdots & \vdots & \vdots & & \vdots \\ n & 0 & 0 & \cdots & 0 \end{pmatrix}$ 相似．

**线索**

矩阵 $A$ 与 $B$ 的特征值相同，只需要说明两个矩阵均可相似对角化，那么矩阵 $A$ 与 $B$ 就可相似于同一个对角矩阵，利用矩阵相似的传递性即可证明矩阵 $A$ 与 $B$ 相似．

【证明】因为矩阵 $R(A) = 1$，所以 $A$ 的特征值为 $\lambda_1 = \lambda_2 = \cdots \lambda_{n-1} = 0$，$\lambda_n = \dfrac{n(n+1)}{2}$，

又属于特征值 $\lambda_1 = \lambda_2 = \cdots \lambda_{n-1} = 0$ 的线性无关的特征向量个数为 $n - R(0E - A) = n -$

1，则 $A$ 可相似对角化，且 $A \sim \boldsymbol{\Lambda} = \begin{pmatrix} 0 & 0 & 0 & \cdots & 0 \\ 0 & 0 & 0 & \cdots & 0 \\ 0 & 0 & 0 & \cdots & 0 \\ \vdots & \vdots & \vdots & & \vdots \\ 0 & 0 & 0 & \cdots & \dfrac{n(n+1)}{2} \end{pmatrix}$．

又 $B$ 的特征值也为 $\lambda_1 = \lambda_2 = \cdots \lambda_{n-1} = 0$，$\lambda_n = \dfrac{n(n+1)}{2}$，且属于特征值 $\lambda_1 = \lambda_2 = \cdots \lambda_{n-1} =$

0 的线性无关的特征向量个数为 $n - R(0E - B) = n - 1$，则 $B$ 也可相似对角化，且 $A \sim$

$\boldsymbol{\Lambda} = \begin{pmatrix} 0 & 0 & 0 & \cdots & 0 \\ 0 & 0 & 0 & \cdots & 0 \\ 0 & 0 & 0 & \cdots & 0 \\ \vdots & \vdots & \vdots & & \vdots \\ 0 & 0 & 0 & \cdots & \dfrac{n(n+1)}{2} \end{pmatrix}$．根据矩阵相似的传递性可得矩阵 $A$ 与 $B$ 相似．

**小结**

两个矩阵均不是对角矩阵,但均可以相似对角化,可以利用相似对角化的传递性来证相似.

 **抽象矩阵相似对角化**

**一阶溯源**

**例1** 设 $n$ 阶矩阵 $A$ 与对角矩阵相似,则( ).

(A)$A$ 的 $n$ 个特征值都是单值     (B)$A$ 是实对称矩阵

(C)$A$ 存在 $n$ 个线性无关的特征向量     (D)$A$ 是可逆矩阵

【答案】(C)

**线索**

直接考查矩阵相似对角化的条件.

【解析】矩阵存在 $n$ 个线性无关的特征向量,则矩阵可相似对角化,所以(C)项正确.例如

$A = \begin{pmatrix} 1 & 0 & 1 \\ 0 & 1 & 0 \\ 0 & 0 & 0 \end{pmatrix}$,矩阵与对角矩阵 $\Lambda = \begin{pmatrix} 1 & 0 & 0 \\ 0 & 1 & 0 \\ 0 & 0 & 0 \end{pmatrix}$ 相似,但矩阵特征值不是全为单值,矩阵不是

实对称矩阵,也不可逆,所以排除(A)、(B)、(D) 三项.

故选(C).

**例2** 若 $A$ 为 3 阶矩阵,$A$ 的特征值为 $-1,0,1$,则 $A+E$ 与下列哪个矩阵相似( ).

(A)$\begin{pmatrix} 0 & & \\ & 1 & \\ & & -2 \end{pmatrix}$   (B)$\begin{pmatrix} 1 & & \\ & -1 & \\ & & 2 \end{pmatrix}$   (C)$\begin{pmatrix} 1 & & \\ & -1 & \\ & & -2 \end{pmatrix}$   (D)$\begin{pmatrix} 0 & & \\ & 1 & \\ & & 2 \end{pmatrix}$

【答案】(D)

**线索**

根据矩阵 $A$ 的特征值可得 $f(A)$ 的特征值,与矩阵相似的对角矩阵主对角线元素即为矩阵的特征值.

【解析】由 $A$ 的特征值为 $-1,0,1$ 得 $A+E$ 的特征值为 $0,1,2$,则 $A+E$ 与 $\begin{pmatrix} 0 & & \\ & 1 & \\ & & 2 \end{pmatrix}$ 相似.

故选(D).

**二阶提炼**

**例3** 设 $\alpha,\beta$ 是 3 维的正交单位向量,则 $\alpha\alpha^T - 2\beta\beta^T$ 与下列哪个矩阵相似( ).

(A)$\begin{pmatrix} 0 & & \\ & 1 & \\ & & -2 \end{pmatrix}$   (B)$\begin{pmatrix} 1 & & \\ & -1 & \\ & & 2 \end{pmatrix}$   (C)$\begin{pmatrix} 1 & & \\ & -1 & \\ & & -2 \end{pmatrix}$   (D)$\begin{pmatrix} 0 & & \\ & 1 & \\ & & 2 \end{pmatrix}$

【答案】(A)

【解析】由 $\boldsymbol{\alpha},\boldsymbol{\beta}$ 是 3 维的正交单位向量得 $\boldsymbol{\alpha}^{\mathrm{T}}\boldsymbol{\alpha}=1,\boldsymbol{\beta}^{\mathrm{T}}\boldsymbol{\beta}=1,\boldsymbol{\alpha}^{\mathrm{T}}\boldsymbol{\beta}=0,\boldsymbol{\beta}^{\mathrm{T}}\boldsymbol{\alpha}=0.$ 因为 $(\boldsymbol{\alpha}\boldsymbol{\alpha}^{\mathrm{T}}-2\boldsymbol{\beta}\boldsymbol{\beta}^{\mathrm{T}})\boldsymbol{\alpha}=\boldsymbol{\alpha},(\boldsymbol{\alpha}\boldsymbol{\alpha}^{\mathrm{T}}-2\boldsymbol{\beta}\boldsymbol{\beta}^{\mathrm{T}})\boldsymbol{\beta}=-2\boldsymbol{\beta},$ 所以 $1,-2$ 是 $\boldsymbol{\alpha}\boldsymbol{\alpha}^{\mathrm{T}}-2\boldsymbol{\beta}\boldsymbol{\beta}^{\mathrm{T}}$ 的特征值,又 $R(\boldsymbol{\alpha}\boldsymbol{\alpha}^{\mathrm{T}}-2\boldsymbol{\beta}\boldsymbol{\beta}^{\mathrm{T}})$ $\leqslant R(\boldsymbol{\alpha}\boldsymbol{\alpha}^{\mathrm{T}})+R(2\boldsymbol{\beta}\boldsymbol{\beta}^{\mathrm{T}})\leqslant R(\boldsymbol{\alpha})+R(\boldsymbol{\beta})=1+1=2,$ 所以 0 是 $\boldsymbol{\alpha}\boldsymbol{\alpha}^{\mathrm{T}}$ $-2\boldsymbol{\beta}\boldsymbol{\beta}^{\mathrm{T}}$ 的特征值,则 $\boldsymbol{\alpha}\boldsymbol{\alpha}^{\mathrm{T}}$ $-2\boldsymbol{\beta}\boldsymbol{\beta}^{\mathrm{T}}$ 的所有特征值为 $1,-2,0,$ 所以 $\boldsymbol{\alpha}\boldsymbol{\alpha}^{\mathrm{T}}-2\boldsymbol{\beta}\boldsymbol{\beta}^{\mathrm{T}}$ 与对角矩阵 $\begin{pmatrix} 0 & & \\ & 1 & \\ & & -2 \end{pmatrix}$ 相似.

**小结**

抽象矩阵求特征值可以用定义、性质及相关结论.

**例4** 设 $A$ 为 3 阶矩阵, $|E-A|=|E+A|=|E+2A|=0,$ 则 $4A^*-E$ 与下列哪个矩阵相似( ).

(A) $\begin{pmatrix} 1 & & \\ & -1 & \\ & & -2 \end{pmatrix}$ (B) $\begin{pmatrix} 3 & & \\ & -5 & \\ & & 7 \end{pmatrix}$ (C) $\begin{pmatrix} 1 & & \\ & -3 & \\ & & -5 \end{pmatrix}$ (D) $\begin{pmatrix} 2 & & \\ & -2 & \\ & & 1 \end{pmatrix}$

【答案】(C)

【解析】由 $|E-A|=|E+A|=|E+2A|=0$ 得 $A$ 的特征值为 $1,-1,-\dfrac{1}{2},$ 则 $4A^*-E$ 的特征值为 $1,-3,-5,$ 所以 $4A^*-E$ 与对角矩阵 $\begin{pmatrix} 1 & & \\ & -3 & \\ & & -5 \end{pmatrix}$ 相似.

故选(C).

**小结**

根据 $|\lambda E-A|=0$ 可得矩阵 $A$ 的特征值为 $\lambda$.

**三阶突破**

**例5** 设 $A$ 是 3 阶不可逆矩阵, $\boldsymbol{\alpha},\boldsymbol{\beta}$ 是线性无关的 3 维列向量,且 $A\boldsymbol{\alpha}=\boldsymbol{\beta},A\boldsymbol{\beta}=\boldsymbol{\alpha},$ 则 $A$ 与下列哪个矩阵相似( ).

(A) $\begin{pmatrix} 1 & & \\ & 1 & \\ & & 0 \end{pmatrix}$ (B) $\begin{pmatrix} 1 & & \\ & 1 & \\ & & -1 \end{pmatrix}$ (C) $\begin{pmatrix} 1 & & \\ & -1 & \\ & & 0 \end{pmatrix}$ (D) $\begin{pmatrix} 1 & & \\ & -1 & \\ & & 2 \end{pmatrix}$

【答案】(C)

**线索**

求 $A$ 与哪个对角矩阵相似,只需要求出 $A$ 的全部特征值即可,根据矩阵 $A$ 的行列式等于特征值之积,可以得到 0 是 $A$ 的特征值,剩下两个特征值可以通过特征值及特征向量的定义得到.

【解析】因为 $A$ 不可逆,所以 0 是 $A$ 的特征值.又 $A\alpha = \beta, A\beta = \alpha$,所以

$$A(\alpha + \beta) = \alpha + \beta, A(\alpha - \beta) = -(\alpha - \beta).$$

又 $\alpha, \beta$ 是线性无关的 3 维列向量,所以 $\alpha + \beta, \alpha - \beta$ 均为非零列向量,且 $1, -1$ 均为 $A$ 的

特征值,从而 $A$ 的特征值为 $0, 1, -1$,故 $A$ 与 $\begin{pmatrix} 1 & & \\ & -1 & \\ & & 0 \end{pmatrix}$ 相似.

故选(C).

**小结**

抽象矩阵求特征值可以用定义、性质及相关结论.

**例6** 设 $A$ 是 3 阶矩阵,其特征值是 $\lambda_1 = \lambda_2 = 0, \lambda_3 = 1, \lambda_1 = \lambda_2 = 0$ 对应的特征向量为 $\alpha_1 = (-2, 0, 1)^T, \alpha_2 = (1, -2, 0)^T, \lambda_3 = 1$ 对应的特征向量 $\alpha_3 = (1, 1, 1)^T$,要使 $P^{-1}AP = \begin{pmatrix} 0 & & \\ & 0 & \\ & & 1 \end{pmatrix}$,则 $P$ 不能等于(  ).

(A)$(3\alpha_1, -2\alpha_2, \alpha_3)$         (B)$(\alpha_2, \alpha_1, \alpha_3)$

(C)$(\alpha_1 - \alpha_2, \alpha_1 + \alpha_2, \alpha_3)$      (D)$(\alpha_1, \alpha_2, \alpha_2 - \alpha_3)$

【答案】(D)

**线索**

$P$ 的第 1 列和第 2 列必须是 $A$ 的特征值 $\lambda_1 = \lambda_2 = 0$ 对应的特征向量 $\alpha_1, \alpha_2$ 或者 $\alpha_1, \alpha_2$ 的线性组合,第 3 列必须是 $\lambda_3 = 1$ 对应的特征向量 $\alpha_3$ 或者 $\alpha_3$ 的倍数.

【解析】由于 $P^{-1}AP = \begin{pmatrix} 0 & & \\ & 0 & \\ & & 1 \end{pmatrix}$,则 $P$ 的列向量组是 $A$ 的一组线性无关的特征向量,对应

的特征值依次为 $0, 0, 1$,(D) 项中第 3 列 $\alpha_2 - \alpha_3$ 不是 $A$ 的特征向量.

故选(D).

**小结**

(1)矩阵 $P$ 的列向量必须是矩阵 $A$ 的特征值对应的特征向量;(2)同一特征值的特征向量的非零线性组合仍是该特征值的特征向量.

**例7** 设 3 阶矩阵 $A$ 的特征值为 $\lambda_1 = 1, \lambda_2 = 2, \lambda_3 = 3$,其对应的特征向量分别为 $\alpha_1, \alpha_2, \alpha_3$,令 $P = (3\alpha_2, -\alpha_3, 2\alpha_1)$,则 $P^{-1}(A^* + 2E)P = $ _____.

【答案】$\begin{pmatrix} 5 & & \\ & 4 & \\ & & 8 \end{pmatrix}$

线索

根据 $A$ 的特征值求出 $A^* + 2E$ 的特征值，再将 $A^* + 2E$ 的特征值按照特征值对应的特征向量的排列顺序依次排列即可.

【解析】因为 $A$ 的特征值为 $\lambda_1 = 1, \lambda_2 = 2, \lambda_3 = 3$，对应的特征向量分别为 $\boldsymbol{\alpha}_1, \boldsymbol{\alpha}_2, \boldsymbol{\alpha}_3$，所以 $A^* + 2E$ 的特征值为 $8, 5, 4$，对应的特征向量分别为 $\boldsymbol{\alpha}_1, \boldsymbol{\alpha}_2, \boldsymbol{\alpha}_3$.

又 $\boldsymbol{P} = (3\boldsymbol{\alpha}_2, -\boldsymbol{\alpha}_3, 2\boldsymbol{\alpha}_1)$，所以 $\boldsymbol{P}^{-1}(A^* + 2E)\boldsymbol{P} = \begin{pmatrix} 5 & & \\ & 4 & \\ & & 8 \end{pmatrix}$.

**小结**

矩阵能相似对角化，则对角矩阵的主对角线元素即为矩阵的特征值，排列顺序要和对应的特征向量排列顺序一致.

**例8** 设 $A$ 是 3 阶矩阵，$\boldsymbol{\alpha}_1, \boldsymbol{\alpha}_2, \boldsymbol{\alpha}_3$ 是 3 维的线性无关的列向量，且 $A\boldsymbol{\alpha}_1 = \boldsymbol{0}, A\boldsymbol{\alpha}_2 = 2\boldsymbol{\alpha}_1 + \boldsymbol{\alpha}_2, A\boldsymbol{\alpha}_3 = \boldsymbol{\alpha}_1 - 2\boldsymbol{\alpha}_2 + \boldsymbol{\alpha}_3$，

(1) 求 $A$ 的特征值和特征向量；

(2) 判断 $A$ 是否与对角矩阵相似.

**线索**

根据矩阵运算有 $A(\boldsymbol{\alpha}_1, \boldsymbol{\alpha}_2, \boldsymbol{\alpha}_3) = (\boldsymbol{\alpha}_1, \boldsymbol{\alpha}_2, \boldsymbol{\alpha}_3)\begin{pmatrix} 0 & 2 & 1 \\ 0 & 1 & -2 \\ 0 & 0 & 1 \end{pmatrix}$，则 $A$ 与 $\begin{pmatrix} 0 & 2 & 1 \\ 0 & 1 & -2 \\ 0 & 0 & 1 \end{pmatrix}$ 相似，$A$ 的特征值、特征向量及 $A$ 是否可相似对角化，均可根据 $\begin{pmatrix} 0 & 2 & 1 \\ 0 & 1 & -2 \\ 0 & 0 & 1 \end{pmatrix}$ 来求.

【解】(1) 由 $A\boldsymbol{\alpha}_1 = \boldsymbol{0}, A\boldsymbol{\alpha}_2 = 2\boldsymbol{\alpha}_1 + \boldsymbol{\alpha}_2, A\boldsymbol{\alpha}_3 = \boldsymbol{\alpha}_1 - 2\boldsymbol{\alpha}_2 + \boldsymbol{\alpha}_3$ 得

$$A(\boldsymbol{\alpha}_1, \boldsymbol{\alpha}_2, \boldsymbol{\alpha}_3) = (\boldsymbol{0}, 2\boldsymbol{\alpha}_1 + \boldsymbol{\alpha}_2, \boldsymbol{\alpha}_1 - 2\boldsymbol{\alpha}_2 + \boldsymbol{\alpha}_3) = (\boldsymbol{\alpha}_1, \boldsymbol{\alpha}_2, \boldsymbol{\alpha}_3)\begin{pmatrix} 0 & 2 & 1 \\ 0 & 1 & -2 \\ 0 & 0 & 1 \end{pmatrix}.$$

设 $\boldsymbol{P} = (\boldsymbol{\alpha}_1, \boldsymbol{\alpha}_2, \boldsymbol{\alpha}_3), B = \begin{pmatrix} 0 & 2 & 1 \\ 0 & 1 & -2 \\ 0 & 0 & 1 \end{pmatrix}$，则存在可逆矩阵 $\boldsymbol{P}$，使得 $\boldsymbol{P}A\boldsymbol{P}^{-1} = B$，所以 $A$ 与 $B$

相似. 又 $B$ 的特征值为 $\lambda_1 = 0, \lambda_2 = \lambda_3 = 1$，所以矩阵 $A$ 的特征值也为 $\lambda_1 = 0, \lambda_2 = \lambda_3 = 1$.

当 $\lambda_2 = \lambda_3 = 1$ 时，解 $(E - B)x = \boldsymbol{0}$ 得 $\boldsymbol{\xi}_1 = (2, 1, 0)^T$，则 $\boldsymbol{\xi}_1 = (2, 1, 0)^T$ 是属于 $B$ 的特征值 1 的特征向量，即 $B\boldsymbol{\xi}_1 = \boldsymbol{\xi}_1$，则 $(\boldsymbol{P}^{-1}A\boldsymbol{P})\boldsymbol{\xi}_1 = \boldsymbol{\xi}_1$，于是 $A\boldsymbol{P}\boldsymbol{\xi}_1 = \boldsymbol{P}\boldsymbol{\xi}_1$，所以 $\boldsymbol{P}\boldsymbol{\xi}_1 = 2\boldsymbol{\alpha}_1 + \boldsymbol{\alpha}_2$ 是属于 $A$ 的特征值 1 的特征向量. 又 $A\boldsymbol{\alpha}_1 = \boldsymbol{0}$，则 $\boldsymbol{\alpha}_1$ 是矩阵 $A$ 的特征值 0 对应的特征向量，从而矩阵 $A$ 对应于特征值 $\lambda_1 = 0$ 的特征向量为 $k_1\boldsymbol{\alpha}_1, k_1 \neq 0$，对应于特征值 $\lambda_2 = \lambda_3 = 1$ 的特征向量为

$k_2(2\boldsymbol{\alpha}_1+\boldsymbol{\alpha}_2), k_2\neq0.$

（2）因为 $R(\boldsymbol{E}-\boldsymbol{B})=2$，所以矩阵 $\boldsymbol{B}$ 的特征值 $\lambda_2=\lambda_3=1$ 只有一个线性无关的特征向量，则矩阵 $\boldsymbol{B}$ 不能和对角矩阵相似，从而矩阵 $\boldsymbol{A}$ 不能和对角矩阵相似.

**小结**

利用矩阵运算，可得抽象型矩阵 $\boldsymbol{A}$ 与数值型矩阵 $\boldsymbol{B}$ 相似，根据矩阵 $\boldsymbol{B}$ 可以得到矩阵 $\boldsymbol{A}$ 的相关结论.

**题型5** 相似对角化的计算及应用

**一阶溯源**

**例1** 设 2 阶矩阵 $\boldsymbol{A}=\begin{pmatrix}1 & -1\\0 & 2\end{pmatrix}$，求可逆矩阵 $\boldsymbol{P}$，使得 $\boldsymbol{P}\boldsymbol{A}\boldsymbol{P}^{-1}$ 为对角矩阵.

**线索**

求出矩阵的特征值和特征值对应的特征向量，特征向量即可构成可逆矩阵 $\boldsymbol{P}$.

【解】由 $|\lambda\boldsymbol{E}-\boldsymbol{A}|=\begin{vmatrix}\lambda-1 & 1\\0 & \lambda-2\end{vmatrix}=(\lambda-1)(\lambda-2)$ 得 $\boldsymbol{A}$ 的特征值为 $\lambda_1=1, \lambda_2=2.$

当 $\lambda_1=1$ 时，由 $(\boldsymbol{E}-\boldsymbol{A})\boldsymbol{x}=\boldsymbol{0}$ 可得，属于特征值 1 的特征向量为 $\boldsymbol{\alpha}_1=(1,0)^{\mathrm{T}}$；当 $\lambda_2=2$ 时，由 $(2\boldsymbol{E}-\boldsymbol{A})\boldsymbol{x}=\boldsymbol{0}$ 可得，属于特征值 2 的特征向量为 $\boldsymbol{\alpha}_2=(1,-1)^{\mathrm{T}}.$

令可逆矩阵 $\boldsymbol{P}=(\boldsymbol{\alpha}_1,\boldsymbol{\alpha}_2)=\begin{pmatrix}1 & 1\\0 & -1\end{pmatrix}$，使得 $\boldsymbol{P}^{-1}\boldsymbol{A}\boldsymbol{P}=\begin{pmatrix}1 & \\ & 2\end{pmatrix}.$

**例2** 设 3 阶矩阵 $\boldsymbol{A}=\begin{pmatrix}1 & -1 & 1\\2 & 4 & -2\\-3 & -3 & 5\end{pmatrix}$，求可逆矩阵 $\boldsymbol{P}$，使得 $\boldsymbol{P}^{-1}\boldsymbol{A}\boldsymbol{P}$ 为对角矩阵.

**线索**

求出矩阵的特征值和特征值对应的特征向量，特征向量即可构成可逆矩阵 $\boldsymbol{P}$.

【解】由

$$|\lambda\boldsymbol{E}-\boldsymbol{A}|=\begin{vmatrix}\lambda-1 & 1 & -1\\-2 & \lambda-4 & 2\\3 & 3 & \lambda-5\end{vmatrix}=\begin{vmatrix}\lambda-1 & 1 & -1\\2\lambda-4 & \lambda-2 & 0\\3 & 3 & \lambda-5\end{vmatrix}$$

$$=(\lambda-2)\begin{vmatrix}\lambda-3 & 1 & -1\\0 & 1 & 0\\-3 & 3 & \lambda-5\end{vmatrix}=(\lambda-2)^2(\lambda-6)$$

得 $\boldsymbol{A}$ 的特征值为 $\lambda_1=\lambda_2=2, \lambda_3=6.$

当 $\lambda_1=\lambda_2=2$ 时，由 $(2\boldsymbol{E}-\boldsymbol{A})\boldsymbol{x}=\boldsymbol{0}$ 可得，属于特征值 2 的特征向量为 $\boldsymbol{\alpha}_1=(1,0,1)^{\mathrm{T}}, \boldsymbol{\alpha}_2=(-1,1,0)^{\mathrm{T}}$；

当 $\lambda_3 = 6$ 时，由 $(6E - A)x = 0$ 可得，属于特征值 6 的特征向量为 $\boldsymbol{\alpha}_3 = (1, -2, 3)^{\mathrm{T}}$。

令可逆矩阵 $\boldsymbol{P} = (\boldsymbol{\alpha}_1, \boldsymbol{\alpha}_2, \boldsymbol{\alpha}_3) = \begin{pmatrix} 1 & -1 & 1 \\ 0 & 1 & -2 \\ 1 & 0 & 3 \end{pmatrix}$，使得 $\boldsymbol{P}^{-1}\boldsymbol{AP} = \begin{pmatrix} 2 & & \\ & 2 & \\ & & 6 \end{pmatrix}$。

**例3** 已知 $\boldsymbol{A\alpha}_i = i^2 \boldsymbol{\alpha}_i (i = 1, 2, 3)$，其中 $\boldsymbol{\alpha}_1 = (1, 2, 1)^{\mathrm{T}}$，$\boldsymbol{\alpha}_2 = (-1, 2, 0)^{\mathrm{T}}$，$\boldsymbol{\alpha}_3 = (3, 0, 0)^{\mathrm{T}}$，求矩阵 $\boldsymbol{A}$。

**线索**

根据矩阵全部的特征值和特征值对应的特征向量，可以反求矩阵 $\boldsymbol{A}$。

【解】由 $\boldsymbol{A\alpha}_i = i^2 \boldsymbol{\alpha}_i (i = 1, 2, 3)$ 得 $\boldsymbol{A}$ 的特征值为 $1, 4, 9$，相应的特征向量为 $\boldsymbol{\alpha}_1, \boldsymbol{\alpha}_2, \boldsymbol{\alpha}_3$，且

$\boldsymbol{\alpha}_1, \boldsymbol{\alpha}_2, \boldsymbol{\alpha}_3$ 线性无关。令 $\boldsymbol{P} = (\boldsymbol{\alpha}_1, \boldsymbol{\alpha}_2, \boldsymbol{\alpha}_3)$，$\boldsymbol{\Lambda} = \begin{pmatrix} 1 & & \\ & 4 & \\ & & 9 \end{pmatrix}$，则 $\boldsymbol{P}^{-1}\boldsymbol{AP} = \boldsymbol{\Lambda}$，故

$$\boldsymbol{A} = \boldsymbol{P\Lambda P}^{-1} = \begin{pmatrix} 1 & -1 & 3 \\ 2 & 2 & 0 \\ 1 & 0 & 0 \end{pmatrix} \begin{pmatrix} 1 & & \\ & 4 & \\ & & 9 \end{pmatrix} \begin{pmatrix} 1 & -1 & 3 \\ 2 & 2 & 0 \\ 1 & 0 & 0 \end{pmatrix}^{-1} = \begin{pmatrix} \dfrac{2}{3} & -\dfrac{4}{3} & 3 \\ 0 & 4 & -6 \\ 0 & 0 & 1 \end{pmatrix}.$$

**二阶提炼**

**例4** 设 $\boldsymbol{A} = \begin{pmatrix} 4 & 6 & 0 \\ -3 & a & 0 \\ 3 & 6 & 1 \end{pmatrix}$，存在可逆矩阵 $\boldsymbol{P}$，使得 $\boldsymbol{P}^{-1}\boldsymbol{AP}$ 为对角矩阵，若 $\boldsymbol{P}$ 的第 1 列为 $(1, -1, 1)^{\mathrm{T}}$，求 $a$，$\boldsymbol{P}$。

【解】由题意知，存在可逆矩阵 $\boldsymbol{P}$，使得 $\boldsymbol{P}^{-1}\boldsymbol{AP}$ 为对角矩阵，若 $\boldsymbol{P}$ 的第 1 列为 $(1, -1, 1)^{\mathrm{T}}$，设矩阵 $\boldsymbol{A}$ 对应于 $\lambda_1$ 的特征向量为 $\boldsymbol{\alpha}_1 = (1, -1, 1)^{\mathrm{T}}$。

根据特征值和特征向量的定义，有 $\boldsymbol{A}\begin{pmatrix} 1 \\ -1 \\ 1 \end{pmatrix} = \lambda_1\begin{pmatrix} 1 \\ -1 \\ 1 \end{pmatrix}$，即

$$\begin{pmatrix} 4 & 6 & 0 \\ -3 & a & 0 \\ 3 & 6 & 1 \end{pmatrix} \begin{pmatrix} 1 \\ -1 \\ 1 \end{pmatrix} = \lambda_1\begin{pmatrix} 1 \\ -1 \\ 1 \end{pmatrix},$$

由此可得 $a = -5$，$\lambda_1 = -2$，所以 $\boldsymbol{A} = \begin{pmatrix} 4 & 6 & 0 \\ -3 & -5 & 0 \\ 3 & 6 & 1 \end{pmatrix}$。

由 $|\lambda\boldsymbol{E} - \boldsymbol{A}| = \begin{vmatrix} \lambda - 4 & -6 & 0 \\ 3 & \lambda + 5 & 0 \\ -3 & -6 & \lambda - 1 \end{vmatrix} = (\lambda - 1)^2(\lambda + 2) = 0$ 得 $\boldsymbol{A}$ 的特征值为 $\lambda_1 = -2$，

$\lambda_2 = \lambda_3 = 1$.

当 $\lambda_2 = \lambda_3 = 1$ 时,由 $(E-A)x=0$,得对应于 $\lambda_2 = \lambda_3 = 1$ 的线性无关的特征向量为 $\alpha_2 = (-2,1,0)^{\mathrm{T}}$, $\alpha_3 = (0,0,1)^{\mathrm{T}}$.

令可逆矩阵 $P = (\alpha_1, \alpha_2, \alpha_3) = \begin{pmatrix} 1 & -2 & 0 \\ -1 & 1 & 0 \\ 1 & 0 & 1 \end{pmatrix}$,使得 $P^{-1}AP = \begin{pmatrix} -2 & & \\ & 1 & \\ & & 1 \end{pmatrix}$.

**小结**

若存在可逆矩阵 $P$,使得 $P^{-1}AP$ 为对角矩阵,则 $P$ 的列向量均为 $A$ 的特征向量,可以求出矩阵 $A$ 中的参数.

**例5** 设 $A = \begin{pmatrix} 1 & -3 & 3 \\ 3 & -5 & 3 \\ 6 & -6 & x \end{pmatrix}$,且 $A$ 的特征值之积为 16.

(1) 求 $x$;

(2) 求可逆矩阵 $P$,使得 $P^{-1}AP$ 为对角矩阵.

【解】(1) 由 $A$ 的特征值之积为 16,则 $|A| = 16$,即

$$|A| = \begin{vmatrix} 1 & -3 & 3 \\ 3 & -5 & 3 \\ 6 & -6 & x \end{vmatrix} = \begin{vmatrix} 1 & -3 & 3 \\ 0 & 4 & -6 \\ 0 & 12 & x-18 \end{vmatrix} = 4(x-18) + 72 = 4x \Rightarrow x = 4.$$

(2) 由

$$|\lambda E - A| = \begin{vmatrix} \lambda-1 & 3 & -3 \\ -3 & \lambda+5 & -3 \\ -6 & 6 & \lambda-4 \end{vmatrix} = \begin{vmatrix} \lambda-1 & 3 & -3 \\ -2-\lambda & \lambda+2 & 0 \\ -6 & 6 & \lambda-4 \end{vmatrix}$$

$$= \begin{vmatrix} \lambda+2 & 3 & -3 \\ 0 & \lambda+2 & 0 \\ 0 & 6 & \lambda-4 \end{vmatrix} = (\lambda+2)^2(\lambda-4) = 0$$

得 $\lambda_1 = \lambda_2 = -2$, $\lambda_3 = 4$.

当 $\lambda_1 = \lambda_2 = -2$ 时,由 $(-2E-A)x=0$ 得属于特征值 $-2$ 的特征向量为 $\alpha_1 = (1,1,0)^{\mathrm{T}}$, $\alpha_2 = (-1,0,1)^{\mathrm{T}}$,

当 $\lambda_3 = 4$ 时,由 $(4E-A)x=0$ 得属于特征值 4 的特征向量为 $\alpha_3 = (1,1,2)^{\mathrm{T}}$.

令 $P = (\alpha_1, \alpha_2, \alpha_3) = \begin{pmatrix} 1 & -1 & 1 \\ 1 & 0 & 1 \\ 0 & 1 & 2 \end{pmatrix}$,则 $P^{-1}AP$ 为对角矩阵.

**小结**

矩阵特征值之积为矩阵的行列式,可以求出矩阵的参数.

**例6** 已知 3 阶矩阵 $A$ 的各行元素之和为 1，又 $A\begin{pmatrix} 1 & 1 \\ -1 & 0 \\ 0 & 1 \end{pmatrix} = \begin{pmatrix} 2 & -1 \\ -2 & 0 \\ 0 & -1 \end{pmatrix}$，求矩阵 $A$．

**【解】** 因为矩阵 $A$ 的各行元素之和为 1，则 $A\begin{pmatrix} 1 \\ 1 \\ 1 \end{pmatrix} = \begin{pmatrix} 1 \\ 1 \\ 1 \end{pmatrix}$，根据特征值及特征向量的定义，得

$\lambda_1 = 1$ 是 $A$ 的特征值，$\boldsymbol{\alpha}_1 = (1,1,1)^{\mathrm{T}}$ 是特征值 $\lambda_1 = 1$ 对应的特征向量．

又由 $A\begin{pmatrix} 1 & 1 \\ -1 & 0 \\ 0 & 1 \end{pmatrix} = \begin{pmatrix} 2 & -1 \\ -2 & 0 \\ 0 & -1 \end{pmatrix}$ 可得 $A\begin{pmatrix} 1 \\ -1 \\ 0 \end{pmatrix} = 2\begin{pmatrix} 1 \\ -1 \\ 0 \end{pmatrix}$，$A\begin{pmatrix} 1 \\ 0 \\ 1 \end{pmatrix} = -\begin{pmatrix} 1 \\ 0 \\ 1 \end{pmatrix}$，则 $\lambda_2 = 2, \lambda_3 = -1$

是 $A$ 的特征值，$\boldsymbol{\alpha}_2 = (1,-1,0)^{\mathrm{T}}, \boldsymbol{\alpha}_3 = (1,0,1)^{\mathrm{T}}$ 分别是特征值 $\lambda_2 = 2, \lambda_3 = -1$ 对应的特征向

量，令可逆矩阵 $P = (\boldsymbol{\alpha}_1, \boldsymbol{\alpha}_2, \boldsymbol{\alpha}_3) = \begin{pmatrix} 1 & 1 & 1 \\ 1 & -1 & 0 \\ 1 & 0 & 1 \end{pmatrix}$，$\boldsymbol{\Lambda} = \begin{pmatrix} 1 & & \\ & 2 & \\ & & -1 \end{pmatrix}$，则 $P^{-1}AP = \boldsymbol{\Lambda}$，故

$$A = P\boldsymbol{\Lambda}P^{-1} = \begin{pmatrix} 1 & 1 & 1 \\ 1 & -1 & 0 \\ 1 & 0 & 1 \end{pmatrix}\begin{pmatrix} 1 & & \\ & 2 & \\ & & -1 \end{pmatrix}\begin{pmatrix} 1 & 1 & 1 \\ 1 & -1 & 0 \\ 1 & 0 & 1 \end{pmatrix}^{-1} = \begin{pmatrix} 4 & 2 & -5 \\ -1 & 1 & 1 \\ 1 & 1 & -2 \end{pmatrix}.$$

**小结**

根据已知信息得到矩阵的全部特征值和特征值对应的线性无关的特征向量，即可求出矩阵 $A$．

 **三阶突破**

**例7** 已知矩阵 $A = \begin{pmatrix} 1 & -3 & -1 \\ a & 5 & 1 \\ 4 & 12 & 6 \end{pmatrix}$，$B = \begin{pmatrix} 2 & 0 & 1 \\ 0 & 2 & 0 \\ 0 & 0 & b \end{pmatrix}$ 相似．

(1) 求 $a, b$ 的值；

(2) 求可逆矩阵 $P$，使得 $P^{-1}AP = B$．

**线索**

根据两个矩阵相似的性质，得到矩阵 $A$ 与 $B$ 中参数的取值．矩阵 $A$ 与 $B$ 都不是对角矩阵，求可逆矩阵 $P$，使得 $P^{-1}AP = B$，要先将 $A$ 相似对角化，求出可逆矩阵 $P_1$，使得 $P_1^{-1}AP_1 = \boldsymbol{\Lambda}$，再将 $B$ 相似对角化，求出可逆矩阵 $P_2$，使得 $P_2^{-1}BP_2 = \boldsymbol{\Lambda}$，$A$ 与 $B$ 相似于同一个对角矩阵，则 $P_1^{-1}AP_1 = P_2^{-1}BP_2$，令 $P = P_1P_2^{-1}$，则 $P^{-1}AP = B$．

**【解】** (1) 因为 $A$ 与 $B$ 相似，所以 $A$ 与 $B$ 有相同的特征值，均为 $\lambda_1 = \lambda_2 = 2, \lambda_3 = b$．又由

$$|\lambda E - A| = \begin{vmatrix} \lambda - 1 & 3 & 1 \\ -a & \lambda - 5 & -1 \\ -4 & -12 & \lambda - 6 \end{vmatrix} = \begin{vmatrix} \lambda - 1 & 3 & 1 \\ -a & \lambda - 5 & -1 \\ 4\lambda - 8 & 0 & \lambda - 2 \end{vmatrix}$$

$$= (\lambda - 2)(\lambda^2 - 10\lambda + 13 + 3a),$$

且 $\lambda_1 = \lambda_2 = 2$ 为二重特征值,则 $\lambda^2 - 10\lambda + 13 + 3a$ 含有因子 $\lambda - 2$,故 $a = 1$.

所以 $A$ 的特征值为 $\lambda_1 = \lambda_2 = 2, \lambda_3 = 8$,则 $b = 8$.

(2) 先求 $A$ 的特征向量,

当 $\lambda_1 = \lambda_2 = 2$ 时,由 $(2E - A)x = 0$ 得属于特征值 2 的特征向量为 $\boldsymbol{\alpha}_1 = (-3, 1, 0)^{\mathrm{T}}$, $\boldsymbol{\alpha}_2 = (-1, 0, 1)^{\mathrm{T}}$;

当 $\lambda_3 = 8$ 时,由 $(8E - A)x = 0$ 得属于特征值 8 的特征向量为 $\boldsymbol{\alpha}_3 = (-1, 1, 4)^{\mathrm{T}}$.

令 $\boldsymbol{P}_1 = (\boldsymbol{\alpha}_1, \boldsymbol{\alpha}_2, \boldsymbol{\alpha}_3) = \begin{pmatrix} -3 & -1 & -1 \\ 1 & 0 & 1 \\ 0 & 1 & 4 \end{pmatrix}, \boldsymbol{\Lambda} = \begin{pmatrix} 2 & & \\ & 2 & \\ & & 8 \end{pmatrix}$,则 $\boldsymbol{P}_1^{-1} A \boldsymbol{P}_1 = \boldsymbol{\Lambda}$.

再求 $B$ 的特征向量,

当 $\lambda_1 = \lambda_2 = 2$ 时,由 $(2E - B)x = 0$ 得属于特征值 2 的特征向量为 $\boldsymbol{\beta}_1 = (1, 0, 0)^{\mathrm{T}}$, $\boldsymbol{\beta}_2 = (0, 1, 0)^{\mathrm{T}}$;

当 $\lambda_3 = 8$ 时,由 $(8E - B)x = 0$ 得属于特征值 8 的特征向量为 $\boldsymbol{\beta}_3 = (1, 0, 6)^{\mathrm{T}}$.

令 $\boldsymbol{P}_2 = (\boldsymbol{\beta}_1, \boldsymbol{\beta}_2, \boldsymbol{\beta}_3) = \begin{pmatrix} 1 & 0 & 1 \\ 0 & 1 & 0 \\ 0 & 0 & 6 \end{pmatrix}, \boldsymbol{\Lambda} = \begin{pmatrix} 2 & & \\ & 2 & \\ & & 8 \end{pmatrix}$,则 $\boldsymbol{P}_2^{-1} B \boldsymbol{P}_2 = \boldsymbol{\Lambda}$.

因为 $\boldsymbol{P}_1^{-1} A \boldsymbol{P}_1 = \boldsymbol{P}_2^{-1} B \boldsymbol{P}_2$,即 $(\boldsymbol{P}_1 \boldsymbol{P}_2^{-1})^{-1} A \boldsymbol{P}_1 \boldsymbol{P}_2^{-1} = \boldsymbol{B}$.

令 $\boldsymbol{P} = \boldsymbol{P}_1 \boldsymbol{P}_2^{-1}$,则 $\boldsymbol{P}^{-1} A \boldsymbol{P} = \boldsymbol{B}$,其中

$$\boldsymbol{P} = \begin{pmatrix} -3 & -1 & -1 \\ 1 & 0 & 1 \\ 0 & 1 & 4 \end{pmatrix} \begin{pmatrix} 1 & 0 & 1 \\ 0 & 1 & 0 \\ 0 & 0 & 6 \end{pmatrix}^{-1} = \begin{pmatrix} -3 & -1 & -\dfrac{1}{6} \\ 1 & 0 & 0 \\ 0 & 1 & \dfrac{2}{3} \end{pmatrix}.$$

**小结**

两个非对角矩阵相似,要利用相似的传递性求可逆矩阵.

**例8** 设矩阵 $\boldsymbol{A} = \begin{pmatrix} 1 & 2 & -3 \\ -1 & 4 & -3 \\ 1 & -2 & 5 \end{pmatrix}$.

(1) 求可逆矩阵 $\boldsymbol{P}$,使得 $\boldsymbol{P}^{-1} A \boldsymbol{P}$ 为对角阵;

(2) 求 $\boldsymbol{A}^n$.

**线索**

求出矩阵的特征值和特征值对应的特征向量,特征向量即可构成可逆矩阵 $\boldsymbol{P}$,然后根据 $\boldsymbol{A} = \boldsymbol{P} \boldsymbol{\Lambda} \boldsymbol{P}^{-1}$ 得 $\boldsymbol{A}^n = \boldsymbol{P} \boldsymbol{\Lambda}^n \boldsymbol{P}^{-1}$,求出 $\boldsymbol{A}^n$.

**【解】** (1) $|\lambda \boldsymbol{E} - \boldsymbol{A}| = \begin{vmatrix} \lambda-1 & -2 & 3 \\ 1 & \lambda-4 & 3 \\ -1 & 2 & \lambda-5 \end{vmatrix} = \begin{vmatrix} \lambda-1 & -2 & 3 \\ 1 & \lambda-4 & 3 \\ 0 & \lambda-2 & \lambda-2 \end{vmatrix} = (\lambda-2)^2(\lambda-6),$

所以 $A$ 的特征值为 $\lambda_1=\lambda_2=2,\lambda_3=6$.

当 $\lambda_1=\lambda_2=2$ 时,由 $(2E-A)x=0$ 得 $\alpha_1=(2,1,0)^{\mathrm{T}},\alpha_2=(-3,0,1)^{\mathrm{T}}$;

当 $\lambda_3=6$ 时,由 $(6E-A)x=0$ 得 $\alpha_3=(-1,-1,1)^{\mathrm{T}}$.

令 $P=(\alpha_1,\alpha_2,\alpha_3)=\begin{pmatrix}2&-3&-1\\1&0&-1\\0&1&1\end{pmatrix}$,则 $P^{-1}AP=\Lambda=\begin{pmatrix}2&&\\&2&\\&&6\end{pmatrix}$.

(2) 由(1) 得 $A=P\Lambda P^{-1}=\begin{pmatrix}2&-3&-1\\1&0&-1\\0&1&1\end{pmatrix}\begin{pmatrix}2&&\\&2&\\&&6\end{pmatrix}\begin{pmatrix}2&-3&-1\\1&0&-1\\0&1&1\end{pmatrix}^{-1}$,故

$$A^n=\frac{1}{4}\begin{pmatrix}5\times2^n-6^n&2\times6^n-2^{n+1}&3\times2^n-3\times6^n\\2^n-6^n&2^{n+1}+2\times6^n&3\times2^n-3\times6^n\\6^n-2^n&2^{n+1}-2\times6^n&2^n+3\times6^n\end{pmatrix}.$$

**例9** 已知 $A=\begin{pmatrix}-1&1&0\\-2&2&0\\4&x&1\end{pmatrix}$ 可以相似对角化,求:

(1) $A^{2022}(-1,-1,2)^{\mathrm{T}}$;

(2) $A^{2022}(-1,0,3)^{\mathrm{T}}$.

**线索**

根据矩阵 $A$ 可以对角化,求出矩阵 $A$ 中参数,然后求出矩阵 $A$ 的 3 个线性无关的特征向量.故无论哪个 3 维向量,均可由矩阵 $A$ 的线性无关的特征向量线性表示,根据特征值和特征向量的性质,即可计算本题.

**【解】**(1) 由 $|\lambda E-A|=\begin{vmatrix}\lambda+1&-1&0\\2&\lambda-2&0\\-4&-x&\lambda-1\end{vmatrix}=\lambda(\lambda-1)^2$ 得 $A$ 的特征值为 $\lambda_1=\lambda_2=1$,

$\lambda_3=0$.

又 $A$ 可相似对角化,则特征值1对应两个线性无关的特征向量,即 $R(E-A)=1$,故 $x=-2$.

当 $\lambda_1=\lambda_2=1$ 时,由 $(E-A)x=0$ 得 $\alpha_1=(1,2,0)^{\mathrm{T}},\alpha_2=(0,0,1)^{\mathrm{T}}$;

当 $\lambda_3=0$ 时,由 $(0E-A)x=0$ 得 $\alpha_3=(-1,-1,2)^{\mathrm{T}}$.

故 $A^{2022}(-1,-1,2)^{\mathrm{T}}=A^{2022}\alpha_3=0\alpha_3=(0,0,0)^{\mathrm{T}}$.

(2) 由于 $(-1,0,3)^{\mathrm{T}}=\alpha_1-\alpha_2+2\alpha_3$,所以

$$A^{2022}(-1,0,3)^{\mathrm{T}}=A^{2022}(\alpha_1-\alpha_2+2\alpha_3)=A^{2022}\alpha_1-A^{2022}\alpha_2+2A^{2022}\alpha_3$$
$$=\alpha_1-\alpha_2=(1,2,-1)^{\mathrm{T}}.$$

**小结**

本题也可以先计算出 $A^{2022}$,然后再和两个向量相乘得结果.

**例10** 已知 $A,B$ 为 3 阶矩阵,满足 $AB+2B=O$,且 $R(B)=2$,其中 $B=\begin{pmatrix}0&0&-1\\1&a&0\\1&2&1\end{pmatrix}$,又

齐次线性方程组 $Ax=0$ 有基础解系 $\begin{pmatrix}1\\1\\1\end{pmatrix}$.

(1) 求 $a$ 的值;

(2) 求可逆矩阵 $Q$,使 $Q^{-1}AQ$ 为对角矩阵;

(3) 求 $(A+E)^{2022}$.

**线索**

根据 $R(B)=2$,求出 $B$ 中的参数,再由 $AB+2B=O$ 及 $Ax=0$ 有基础解系为 $\begin{pmatrix}1\\1\\1\end{pmatrix}$,可得矩阵 $A$ 的全部特征向量,进而得到可逆矩阵 $Q$,求 $(A+E)^{2022}$ 时不需要求出矩阵 $A$,利用 $E=QQ^{-1}$ 将单位矩阵变形即可.

【解】(1) 由 $R(B)=2$ 知,$|B|=\begin{vmatrix}0&0&-1\\1&a&0\\1&2&1\end{vmatrix}=2-a=0$,从而得出 $a=2$.

(2) 由 $AB+2B=O$ 知 $B$ 的每一列 $b_i$ 都满足 $Ab_i+2b_i=0$,即 $Ab_i=-2b_i(i=1,2,3)$.

又因为 $B$ 的第 1,3 列线性无关,令 $\boldsymbol{\xi}_1=\begin{pmatrix}0\\1\\1\end{pmatrix},\boldsymbol{\xi}_2=\begin{pmatrix}-1\\0\\1\end{pmatrix}$,则 $\boldsymbol{\xi}_1,\boldsymbol{\xi}_2$ 是属于 $A$ 的特征值为 $-2$(至少二重)的线性无关的特征向量.

又 $A\begin{pmatrix}1\\1\\1\end{pmatrix}=\mathbf{0}=0\begin{pmatrix}1\\1\\1\end{pmatrix}$,所以 $\boldsymbol{\xi}_3=\begin{pmatrix}1\\1\\1\end{pmatrix}$ 是属于特征值 0 的特征向量,这样 $A$ 有 3 个线性无关的特征向量 $\boldsymbol{\xi}_1,\boldsymbol{\xi}_2,\boldsymbol{\xi}_3$,令 $Q=(\boldsymbol{\xi}_1,\boldsymbol{\xi}_2,\boldsymbol{\xi}_3)$,则有 $Q^{-1}AQ=\begin{pmatrix}-2&0&0\\0&-2&0\\0&0&0\end{pmatrix}$.

(3) 因为 $Q^{-1}(A+E)Q=\begin{pmatrix}-2&0&0\\0&-2&0\\0&0&0\end{pmatrix}+E=\begin{pmatrix}-1&0&0\\0&-1&0\\0&0&1\end{pmatrix}$,

所以 $A+E=Q\begin{pmatrix}-1&0&0\\0&-1&0\\0&0&1\end{pmatrix}Q^{-1}$,从而

$$(A + E)^{2022} = Q \begin{pmatrix} -1 & 0 & 0 \\ 0 & -1 & 0 \\ 0 & 0 & 1 \end{pmatrix}^{2022} Q^{-1} = QEQ^{-1} = E.$$

**小结**

抽象矩阵 $A$，求可逆矩阵 $Q$，使 $Q^{-1}AQ$ 为对角矩阵，要从已知条件中推出 $A$ 的特征向量，通常根据方程组的解和矩阵运算得到.

**题型6 实对称矩阵性质**

**一阶溯源**

**例1** 设 $A$ 为 $n$ 阶实对称矩阵，则(　　).

(A)$A$ 的 $n$ 个特征向量两两正交

(B)$A$ 的 $n$ 个特征向量组成正交单位向量组

(C)$A$ 的 $k$ 重特征值 $\lambda_0$ 有 $R(\lambda_0 E - A) = n - k$

(D)$A$ 的 $k$ 重特征值 $\lambda_0$ 有 $R(\lambda_0 E - A) = n$

【答案】(C)

**线索**

直接考查实对称矩阵的性质.

【解析】由于实对称矩阵 $A$ 必可相似对角化，则 $A$ 的属于 $k$ 重特征值 $\lambda_0$ 的线性无关的特征向量必有 $k$ 个，故 $R(\lambda_0 E - A) = n - k$，(C) 项正确，(D) 项不正确.

又实对称矩阵 $A$ 的属于不同特征值的特征向量正交，但未必两两正交，排除(A)项. $n$ 个特征向量未必是正交单位向量组，排除(B)项.

故选(C).

**例2** 将向量组 $\boldsymbol{\alpha}_1 = (1,1,1)^{\mathrm{T}}, \boldsymbol{\alpha}_2 = (1,-2,1)^{\mathrm{T}}, \boldsymbol{\alpha}_3 = (-2,1,1)^{\mathrm{T}}$ 利用施密特正交化方法将其化为等价的正交向量组.

**线索**

直接利用施密特正交化公式计算即可.

【解】由 $|\boldsymbol{\alpha}_1, \boldsymbol{\alpha}_2, \boldsymbol{\alpha}_3| = \begin{vmatrix} 1 & 1 & -2 \\ 1 & -2 & 1 \\ 1 & 1 & 1 \end{vmatrix} = -9 \neq 0$，故 $\boldsymbol{\alpha}_1, \boldsymbol{\alpha}_2, \boldsymbol{\alpha}_3$ 线性无关，令

$$\boldsymbol{\beta}_1 = \boldsymbol{\alpha}_1 = \begin{pmatrix} 1 \\ 1 \\ 1 \end{pmatrix}, \boldsymbol{\beta}_2 = \boldsymbol{\alpha}_2 - \frac{(\boldsymbol{\alpha}_2, \boldsymbol{\beta}_1)}{(\boldsymbol{\beta}_1, \boldsymbol{\beta}_1)} \boldsymbol{\beta}_1 = \begin{pmatrix} 1 \\ -2 \\ 1 \end{pmatrix} - 0 \begin{pmatrix} 1 \\ 1 \\ 1 \end{pmatrix} = \begin{pmatrix} 1 \\ -2 \\ 1 \end{pmatrix},$$

$$\boldsymbol{\beta}_3=\boldsymbol{\alpha}_3-\frac{(\boldsymbol{\alpha}_3,\boldsymbol{\beta}_1)}{(\boldsymbol{\beta}_1,\boldsymbol{\beta}_1)}\boldsymbol{\beta}_1-\frac{(\boldsymbol{\alpha}_3,\boldsymbol{\beta}_2)}{(\boldsymbol{\beta}_2,\boldsymbol{\beta}_2)}\boldsymbol{\beta}_2=\begin{pmatrix}-2\\1\\1\end{pmatrix}-0\begin{pmatrix}1\\1\\1\end{pmatrix}-\frac{-3}{6}\begin{pmatrix}1\\-2\\1\end{pmatrix}=\begin{pmatrix}-\dfrac{3}{2}\\0\\\dfrac{3}{2}\end{pmatrix},$$

则 $\boldsymbol{\beta}_1,\boldsymbol{\beta}_2,\boldsymbol{\beta}_3$ 为与 $\boldsymbol{\alpha}_1,\boldsymbol{\alpha}_2,\boldsymbol{\alpha}_3$ 等价的正交向量组.

**例3** 设 $\boldsymbol{A}$ 为 3 阶实对称矩阵,满足 $\boldsymbol{A}^4+\boldsymbol{A}^3+\boldsymbol{A}^2+\boldsymbol{A}=\boldsymbol{O}$,若 $\boldsymbol{A}$ 的秩为 2,则 $|\boldsymbol{A}+2\boldsymbol{E}|=$ _____.

【答案】2

**线索**

根据 $f(\boldsymbol{A})=\boldsymbol{O}$ 得 $f(\lambda)=0$,可以得到 $\boldsymbol{A}$ 的所有可能特征值,再由 $\boldsymbol{A}$ 的秩为 2,得到 $\boldsymbol{A}$ 的所有特征值,就可以得到 $|\boldsymbol{A}+2\boldsymbol{E}|$.

【解析】根据题意知,方阵 $\boldsymbol{A}$ 的特征值应满足 $\lambda^4+\lambda^3+\lambda^2+\lambda=0$,也即 $(\lambda^2+1)(\lambda+1)\lambda=0$.由于实对称矩阵的特征值必为实数,可知 $\boldsymbol{A}$ 的特征值为 0 或 $-1$.

又由于 $\boldsymbol{A}$ 的秩为 2,则可知 $\boldsymbol{A}$ 的特征值为 $-1,-1,0$,从而 $\boldsymbol{A}+2\boldsymbol{E}$ 的特征值为 $1,1,2$,故 $|\boldsymbol{A}+2\boldsymbol{E}|=2$.

**二阶提炼**

**例4** $\boldsymbol{A}$ 为 4 阶实对称矩阵,$\boldsymbol{A}^2-2\boldsymbol{A}-3\boldsymbol{E}=\boldsymbol{O}$,且 $|\boldsymbol{A}|=9$,则 $\boldsymbol{A}$ 相似于( ).

(A) $\begin{pmatrix}1&&&\\&1&&\\&&3&\\&&&3\end{pmatrix}$    (B) $\begin{pmatrix}3&&&\\&3&&\\&&3&\\&&&-1\end{pmatrix}$

(C) $\begin{pmatrix}3&&&\\&3&&\\&&-1&\\&&&-1\end{pmatrix}$    (D) $\begin{pmatrix}3&&&\\&-1&&\\&&-1&\\&&&-1\end{pmatrix}$

【答案】(C)

【解析】由 $\boldsymbol{A}^2-2\boldsymbol{A}-3\boldsymbol{E}=\boldsymbol{O}$ 得矩阵 $\boldsymbol{A}$ 的可能特征值为 $-1,3$. 又 $|\boldsymbol{A}|=9$,所以矩阵 $\boldsymbol{A}$ 的特征值为 $\lambda_1=\lambda_2=-1,\lambda_3=\lambda_4=3$,所以 $\boldsymbol{A}$ 相似于 $\begin{pmatrix}3&&&\\&3&&\\&&-1&\\&&&-1\end{pmatrix}$.

故选(C).

**小结**

$\boldsymbol{A}$ 为实对称矩阵,故 $\boldsymbol{A}$ 可相似对角化,求对角矩阵,只需求出 $\boldsymbol{A}$ 的全部特征值即可.

**例5** 3 阶实对称矩阵 $A$ 的特征值是 $1,2,0$，矩阵 $A$ 的属于特征值 1 与 2 的特征向量分别为 $\alpha_1=(1,2,1)^T,\alpha_2=(1,-a,a)^T$，则 $A$ 的属于特征值 0 对应的特征向量为 _____.

【答案】$k(-1,0,1)^T,k\neq0$

【解析】实对称矩阵 $A$ 不同特征值的特征向量正交，则 $\alpha_1,\alpha_2$ 正交，即 $\alpha_1^T\alpha_2=0$，故 $a=1$.

设 $\alpha_3=(x_1,x_2,x_3)^T$ 是特征值 0 对应的特征向量，则 $\alpha_1^T\alpha_3=\alpha_2^T\alpha_3=0$，即

$$\begin{cases}x_1+2x_2+x_3=0,\\x_1-x_2+x_3=0.\end{cases}$$

得 $\alpha_3=(-1,0,1)^T$，则 $A$ 的属于特征值 0 对应的特征向量为 $k(-1,0,1)^T,k\neq0$.

**小结**

根据实对称矩阵不同特征值对应的特征向量正交可以得到矩阵的其他未知的特征向量.

**例6** 设 $A=\begin{pmatrix}a&2&-2\\2&5&b\\-2&b&c\end{pmatrix}$，$\lambda=1$ 是 $A$ 的二重特征值，求 $a,b,c$ 的值.

【解】因为 $A$ 是实对称矩阵，则 $A$ 必可相似对角化，又 $\lambda=1$ 是 $A$ 的二重特征值，所以 $\lambda=1$ 有两个线性无关的特征向量，即 $R(E-A)=1$，所以 $E-A$ 的任意两行元素成比例.

又 $E-A=\begin{pmatrix}1-a&-2&2\\-2&-4&-b\\2&-b&1-c\end{pmatrix}$，则 $1-a=-1,-b=4,1-c=b$，得 $a=2,b=-4,c=5$.

**小结**

根据实对称矩阵必可相似对角化，找到三个等式关系，即可求参数的值.

**三阶突破**

**例7** 已知 $A$ 为实对称矩阵，且 $A$ 与 $B=\begin{pmatrix}2&0&0&0\\0&3&0&0\\0&0&1&1\\0&0&1&1\end{pmatrix}$ 相似，则 $R(A)+R(A+2E)+R(A-2E)=$ _____.

【答案】9

**线索**

$B$ 的特征值可求，即可得到 $A$ 的特征值，从而得到 $A+2E,A-2E$ 的特征值，就可以求矩阵的秩.

【解析】因为 $A$ 与 $B$ 相似，则 $A$ 与 $B$ 有相同的特征值，其中

$$|\lambda E - B| = \begin{vmatrix} \lambda-2 & 0 & 0 & 0 \\ 0 & \lambda-3 & 0 & 0 \\ 0 & 0 & \lambda-1 & -1 \\ 0 & 0 & -1 & \lambda-1 \end{vmatrix}$$

$$= (\lambda-2)(\lambda-3)[(\lambda-1)^2-1] = \lambda(\lambda-2)^2(\lambda-3)$$

得 $A$ 的特征值为 $\lambda_1=0,\lambda_2=3,\lambda_3=\lambda_4=2$.

故 $|A|=0, R(A)=3, R(A+2E)=4$. 又 2 是 $A$ 的二重特征值,且 $A$ 是实对称矩阵,故 $R(A-2E)=2$,所以 $R(A)+R(A+2E)+R(A-2E)=9$.

**小结**

可相似对角化的矩阵的秩等于它非零特征值的个数.

**例8** 设 2 阶实对称矩阵 $A$ 的特征值为 $\lambda_1,\lambda_2$,且 $\lambda_1 \neq \lambda_2$,$\boldsymbol{\alpha}_1,\boldsymbol{\alpha}_2$ 分别是 $A$ 的对应于 $\lambda_1$,$\lambda_2$ 的单位特征向量,则与 $A-2\boldsymbol{\alpha}_1\boldsymbol{\alpha}_1^{\mathrm{T}}$ 相似的对角矩阵为( ).

(A) $\begin{pmatrix} \lambda_1 & 0 \\ 0 & \lambda_2 \end{pmatrix}$
(B) $\begin{pmatrix} \lambda_1-2 & 0 \\ 0 & \lambda_2-2 \end{pmatrix}$

(C) $\begin{pmatrix} \lambda_1 & 0 \\ 0 & \lambda_2-2 \end{pmatrix}$
(D) $\begin{pmatrix} \lambda_1-2 & 0 \\ 0 & \lambda_2 \end{pmatrix}$

【答案】(D)

**线索**

求与 $A-2\boldsymbol{\alpha}_1\boldsymbol{\alpha}_1^{\mathrm{T}}$ 相似的对角矩阵,即求矩阵对应的特征值即可.

【解析】因为 $(A-2\boldsymbol{\alpha}_1\boldsymbol{\alpha}_1^{\mathrm{T}})^{\mathrm{T}} = A^{\mathrm{T}} - 2(\boldsymbol{\alpha}_1\boldsymbol{\alpha}_1^{\mathrm{T}})^{\mathrm{T}} = A - 2\boldsymbol{\alpha}_1\boldsymbol{\alpha}_1^{\mathrm{T}}$,所以 $A-2\boldsymbol{\alpha}_1\boldsymbol{\alpha}_1^{\mathrm{T}}$ 为实对称矩阵,则必可相似对角化. 又由题意可得 $A\boldsymbol{\alpha}_1=\lambda_1\boldsymbol{\alpha}_1,A\boldsymbol{\alpha}_2=\lambda_2\boldsymbol{\alpha}_2$ 且 $\lambda_1 \neq \lambda_2$,故 $\boldsymbol{\alpha}_1,\boldsymbol{\alpha}_2$ 正交,即 $\boldsymbol{\alpha}_1^{\mathrm{T}}\boldsymbol{\alpha}_2 = \boldsymbol{\alpha}_2^{\mathrm{T}}\boldsymbol{\alpha}_1 = 0$,又 $\boldsymbol{\alpha}_1,\boldsymbol{\alpha}_2$ 是单位向量,所以 $\boldsymbol{\alpha}_1^{\mathrm{T}}\boldsymbol{\alpha}_1 = \boldsymbol{\alpha}_2^{\mathrm{T}}\boldsymbol{\alpha}_2 = 1$,故

$$(A-2\boldsymbol{\alpha}_1\boldsymbol{\alpha}_1^{\mathrm{T}})\boldsymbol{\alpha}_1 = A\boldsymbol{\alpha}_1 - 2\boldsymbol{\alpha}_1(\boldsymbol{\alpha}_1^{\mathrm{T}}\boldsymbol{\alpha}_1) = \lambda_1\boldsymbol{\alpha}_1 - 2\boldsymbol{\alpha}_1 = (\lambda_1-2)\boldsymbol{\alpha}_1,$$

$$(A-2\boldsymbol{\alpha}_1\boldsymbol{\alpha}_1^{\mathrm{T}})\boldsymbol{\alpha}_2 = A\boldsymbol{\alpha}_2 - 2\boldsymbol{\alpha}_1(\boldsymbol{\alpha}_1^{\mathrm{T}}\boldsymbol{\alpha}_2) = \lambda_2\boldsymbol{\alpha}_2,$$

即 $A-2\boldsymbol{\alpha}_1\boldsymbol{\alpha}_1^{\mathrm{T}}$ 的特征值为 $\lambda_1-2,\lambda_2$,所以 $A-2\boldsymbol{\alpha}_1\boldsymbol{\alpha}_1^{\mathrm{T}}$ 与 $\begin{pmatrix} \lambda_1-2 & 0 \\ 0 & \lambda_2 \end{pmatrix}$ 相似.

故选(D).

**题型7** 正交相似对角化的计算及应用

**一阶溯源**

**例1** 设矩阵 $A = \begin{pmatrix} 1 & 1 \\ 1 & 1 \end{pmatrix}$,求正交矩阵 $Q$,使得 $Q^{-1}AQ$ 为对角矩阵.

线索

求正交矩阵 $Q$，使得 $Q^{-1}AQ$ 为对角矩阵，求出实对称矩阵的特征值对应的特征向量，再正交化单位化后可得正交矩阵 $Q$．

【解】显然，$A = \begin{pmatrix} 1 & 1 \\ 1 & 1 \end{pmatrix}$ 的特征值为 $\lambda_1 = 2, \lambda_2 = 0$．

当 $\lambda_1 = 2$ 时，由 $(2E - A)x = 0$ 得属于 $A$ 的特征值 $\lambda_1 = 2$ 的特征向量为 $\boldsymbol{\alpha}_1 = (1,1)^T$；

当 $\lambda_2 = 0$ 时，由 $(0E - A)x = 0$ 得属于 $A$ 的特征值 $\lambda_2 = 0$ 的特征向量为 $\boldsymbol{\alpha}_2 = (-1,1)^T$．

又 $\boldsymbol{\alpha}_1, \boldsymbol{\alpha}_2$ 已经正交，故单位化得 $\boldsymbol{\gamma}_1 = \frac{1}{\sqrt{2}}(1,1)^T, \boldsymbol{\gamma}_2 = \frac{1}{\sqrt{2}}(-1,1)^T$．

令正交矩阵 $Q = (\boldsymbol{\gamma}_1, \boldsymbol{\gamma}_2) = \begin{pmatrix} \dfrac{1}{\sqrt{2}} & -\dfrac{1}{\sqrt{2}} \\[3mm] \dfrac{1}{\sqrt{2}} & \dfrac{1}{\sqrt{2}} \end{pmatrix}$，使得 $Q^{-1}AQ$ 为对角矩阵．

**例2** 设矩阵 $A = \begin{pmatrix} 3 & 1 & 2 \\ 1 & 3 & -2 \\ 2 & -2 & 9 \end{pmatrix}$，求正交矩阵 $Q$，使得 $Q^TAQ$ 为对角矩阵．

线索

对于正交矩阵 $Q, Q^{-1}$ 与 $Q^T$ 相等，所以求正交矩阵 $Q$，使得 $Q^TAQ$ 为对角矩阵与求正交矩阵 $Q$，使得 $Q^{-1}AQ$ 为对角矩阵思路相同．

【解】由

$$
|\lambda E - A| = \begin{vmatrix} \lambda - 3 & -1 & -2 \\ -1 & \lambda - 3 & 2 \\ -2 & 2 & \lambda - 9 \end{vmatrix} = \begin{vmatrix} \lambda - 3 & -1 & -2 \\ \lambda - 4 & \lambda - 4 & 0 \\ -2 & 2 & \lambda - 9 \end{vmatrix}
$$

$$
= \begin{vmatrix} \lambda - 2 & -4 & -2 \\ 0 & \lambda - 4 & 0 \\ -4 & 2 & \lambda - 9 \end{vmatrix} = (\lambda - 4)(\lambda - 1)(\lambda - 10)
$$

得 $A$ 的特征值 $\lambda_1 = 4, \lambda_2 = 1, \lambda_3 = 10$．

当 $\lambda_1 = 4$ 时，由 $(4E - A)x = 0$ 得属于 $A$ 的特征值 $\lambda_1 = 4$ 的特征向量为 $\boldsymbol{\alpha}_1 = (1,1,0)^T$；

当 $\lambda_2 = 1$ 时，由 $(E - A)x = 0$ 得属于 $A$ 的特征值 $\lambda_2 = 1$ 的特征向量为 $\boldsymbol{\alpha}_2 = (-2,2,1)^T$；

当 $\lambda_3 = 10$ 时，由 $(10E - A)x = 0$ 得属于 $A$ 的特征值 $\lambda_3 = 10$ 的特征向量为 $\boldsymbol{\alpha}_3 = (1,-1,4)^T$．

$\boldsymbol{\alpha}_1, \boldsymbol{\alpha}_2, \boldsymbol{\alpha}_3$ 已正交，单位化得 $\boldsymbol{\gamma}_1 = \frac{1}{\sqrt{2}}(1,1,0)^T, \boldsymbol{\gamma}_2 = \frac{1}{3}(-2,2,1)^T, \boldsymbol{\gamma}_3 = \frac{1}{3\sqrt{2}}(1,-1,4)^T$．

令正交矩阵 $Q=(\boldsymbol{\gamma}_1,\boldsymbol{\gamma}_2,\boldsymbol{\gamma}_3)=\begin{pmatrix}\dfrac{1}{\sqrt2}&-\dfrac{2}{3}&\dfrac{1}{3\sqrt2}\\[2mm]\dfrac{1}{\sqrt2}&\dfrac{2}{3}&-\dfrac{1}{3\sqrt2}\\[2mm]0&\dfrac{1}{3}&\dfrac{4}{3\sqrt2}\end{pmatrix}$，则 $Q^{-1}AQ$ 为对角矩阵.

**例3** 已知矩阵 $A=\begin{pmatrix}2&2&-2\\2&5&-4\\-2&-4&5\end{pmatrix}$，求正交矩阵 $Q$，使得 $Q^{-1}AQ$ 为对角矩阵.

**线索**

对实对称矩阵来说，不相同特征值对应的特征向量已经是正交向量，在施密特正交化中，只需对相同特征值对应的特征向量正交化即可.

【解】由

$$|\lambda E-A|=\begin{vmatrix}\lambda-2&-2&2\\-2&\lambda-5&4\\2&4&\lambda-5\end{vmatrix}=\begin{vmatrix}\lambda-2&-2&2\\-2&\lambda-5&4\\0&\lambda-1&\lambda-1\end{vmatrix}$$

$$=\begin{vmatrix}\lambda-2&-4&2\\-2&\lambda-9&4\\0&0&\lambda-1\end{vmatrix}=(\lambda-10)(\lambda-1)^2$$

得 $A$ 的特征值 $\lambda_1=\lambda_2=1,\lambda_3=10$.

当 $\lambda_1=\lambda_2=1$ 时，由 $(E-A)x=0$ 得属于 $A$ 的特征值 $\lambda_1=\lambda_2=1$ 的特征向量为 $\boldsymbol{\alpha}_1=(-2,1,0)^{\mathrm{T}},\boldsymbol{\alpha}_2=(2,0,1)^{\mathrm{T}}$；

当 $\lambda_3=10$ 时，由 $(10E-A)x=0$ 得属于 $A$ 的特征值 $\lambda_3=10$ 的特征向量为 $\boldsymbol{\alpha}_3=(-1,-2,2)^{\mathrm{T}}$.

现在 $\boldsymbol{\alpha}_1,\boldsymbol{\alpha}_2$ 不正交，利用施密特正交化，

令 $\boldsymbol{\beta}_1=\boldsymbol{\alpha}_1=(-2,1,0)^{\mathrm{T}},\boldsymbol{\beta}_2=\boldsymbol{\alpha}_2-\dfrac{(\boldsymbol{\alpha}_2,\boldsymbol{\beta}_1)}{(\boldsymbol{\beta}_1,\boldsymbol{\beta}_1)}\boldsymbol{\beta}_1=\left(\dfrac{2}{5},\dfrac{4}{5},1\right)^{\mathrm{T}},\boldsymbol{\beta}_3=\boldsymbol{\alpha}_3=(-1,-2,2)^{\mathrm{T}}$，

单位化得 $\boldsymbol{\gamma}_1=\dfrac{1}{\sqrt5}(-2,1,0)^{\mathrm{T}},\boldsymbol{\gamma}_2=\dfrac{1}{3\sqrt5}(2,4,5)^{\mathrm{T}},\boldsymbol{\gamma}_3=\dfrac{1}{3}(-1,-2,2)^{\mathrm{T}}$，

令正交矩阵 $Q=(\boldsymbol{\gamma}_1,\boldsymbol{\gamma}_2,\boldsymbol{\gamma}_3)=\begin{pmatrix}-\dfrac{2}{\sqrt5}&\dfrac{2}{3\sqrt5}&-\dfrac{2}{3}\\[2mm]\dfrac{1}{\sqrt5}&\dfrac{4}{3\sqrt5}&-\dfrac{1}{3}\\[2mm]0&\dfrac{5}{3\sqrt5}&\dfrac{2}{3}\end{pmatrix}$，则 $Q^{-1}AQ$ 为对角矩阵.

**二阶提炼**

**例4** 2阶实对称矩阵 $A$ 的一个特征值 $\lambda_1 = -1$，属于 $\lambda_1$ 的特征向量为 $\alpha_1 = (1, -1)^T$，若 $|A| = -1$，则 $A = $ _____.

【答案】$\begin{pmatrix} 0 & 1 \\ 1 & 0 \end{pmatrix}$

【解析】由 $A$ 的一个特征值 $\lambda_1 = -1$ 且 $|A| = -1$，则 $A$ 的另一个特征值为 $\lambda_2 = 1$，设 $\alpha_2 = (x_1, x_2)^T$ 为属于 $\lambda_2 = 1$ 的特征向量，则 $\alpha_1^T \alpha_2 = 0$，则 $\alpha_2 = (1,1)^T$，所以令 $P = (\alpha_1, \alpha_2)$，$\Lambda = \begin{pmatrix} -1 & \\ & 1 \end{pmatrix}$，则 $P^{-1}AP = \Lambda$，故

$$A = P\Lambda P^{-1} = \begin{pmatrix} 1 & 1 \\ -1 & 1 \end{pmatrix} \begin{pmatrix} -1 & \\ & 1 \end{pmatrix} \begin{pmatrix} 1 & 1 \\ -1 & 1 \end{pmatrix}^{-1} = \begin{pmatrix} 0 & 1 \\ 1 & 0 \end{pmatrix}.$$

**小结**

已知矩阵 $A$ 的全部特征值和特征值对应的全部特征向量，可以利用 $A = P\Lambda P^{-1}$ 求得矩阵 $A$.

**例5** 设3阶实对称矩阵 $A$ 的特征值为 $\lambda_1 = -1$，$\lambda_2 = \lambda_3 = 1$，对应于 $\lambda_1$ 的特征向量为 $\xi_1 = \begin{pmatrix} 0 \\ 1 \\ 1 \end{pmatrix}$，求 $A$.

【解】设属于特征值 $\lambda_2 = \lambda_3 = 1$ 的特征向量为 $\xi$，则 $\xi_1$ 与 $\xi$ 正交，即 $\xi_1^T \xi = 0$，其基础解系为 $\xi_2 = \begin{pmatrix} 1 \\ 0 \\ 0 \end{pmatrix}$，$\xi_3 = \begin{pmatrix} 0 \\ -1 \\ 1 \end{pmatrix}$.

令可逆矩阵 $P = (\xi_1, \xi_2, \xi_3)$，则 $P^{-1}AP = \Lambda = \mathrm{diag}(\lambda_1, \lambda_2, \lambda_3)$，故

$$A = P\Lambda P^{-1} = \begin{pmatrix} 1 & 0 & 0 \\ 0 & 0 & -1 \\ 0 & -1 & 0 \end{pmatrix}.$$

**小结**

根据矩阵 $A$ 的部分特征值和特征值对应的特征向量，利用实对称矩阵不同特征值对应的特征向量正交，得到矩阵 $A$ 的全部特征值和特征向量，进而可以求出 $A$.

**三阶突破**

**例6** 已知矩阵 $A = \begin{pmatrix} a & -1 & 1 \\ -1 & a & 1 \\ 1 & 1 & a \end{pmatrix}$，且 $R(A) = 2$，求可逆矩阵 $P$，使得 $P^TAP$ 为对角矩阵.

根据 $R(\boldsymbol{A})=2$,可以得到 $|\boldsymbol{A}|=0$,进而得到参数的值.题目要求可逆矩阵 $\boldsymbol{P}$,使得 $\boldsymbol{P}^{\mathrm{T}}\boldsymbol{A}\boldsymbol{P}$ 为对角矩阵,但由 $\boldsymbol{A}$ 的特征向量构成的矩阵不满足题意,必须将 $\boldsymbol{A}$ 的特征向量正交化和单位化才能得到.

【解】由 $R(\boldsymbol{A})=2$ 得 $|\boldsymbol{A}|=(a+1)^2(a-2)=0$,解得 $a=-1$ 或 $a=2$,但当 $a=-1$ 时,$R(\boldsymbol{A})=1$,所以 $a=2$.

由

$$|\lambda\boldsymbol{E}-\boldsymbol{A}|=\begin{vmatrix}\lambda-2 & 1 & -1\\ 1 & \lambda-2 & -1\\ -1 & -1 & \lambda-2\end{vmatrix}=\begin{vmatrix}\lambda-2 & 1 & -1\\ 1 & \lambda-2 & -1\\ 0 & \lambda-3 & \lambda-3\end{vmatrix}$$

$$=\begin{vmatrix}\lambda-2 & 2 & -1\\ 1 & \lambda-1 & -1\\ 0 & 0 & \lambda-3\end{vmatrix}=\lambda(\lambda-3)^2$$

得 $\boldsymbol{A}$ 的特征值 $\lambda_1=\lambda_2=3,\lambda_3=0$.

当 $\lambda_1=\lambda_2=3$ 时,由 $(3\boldsymbol{E}-\boldsymbol{A})\boldsymbol{x}=\boldsymbol{0}$ 得属于 $\boldsymbol{A}$ 的特征值 $\lambda_1=\lambda_2=3$ 的特征向量为 $\boldsymbol{\alpha}_1=(-1,1,0)^{\mathrm{T}},\boldsymbol{\alpha}_2=(1,0,1)^{\mathrm{T}}$;

当 $\lambda_3=0$ 时,由 $(0\boldsymbol{E}-\boldsymbol{A})\boldsymbol{x}=\boldsymbol{0}$ 得属于 $\boldsymbol{A}$ 的特征值 $\lambda_3=0$ 的特征向量为 $\boldsymbol{\alpha}_3=(-1,-1,1)^{\mathrm{T}}$.

现在 $\boldsymbol{\alpha}_1,\boldsymbol{\alpha}_2$ 不正交,利用施密特正交化,

令 $\boldsymbol{\beta}_1=\boldsymbol{\alpha}_1=(-1,1,0)^{\mathrm{T}},\boldsymbol{\beta}_2=\boldsymbol{\alpha}_2-\dfrac{(\boldsymbol{\alpha}_2,\boldsymbol{\beta}_1)}{(\boldsymbol{\beta}_1,\boldsymbol{\beta}_1)}\boldsymbol{\beta}_1=\left(\dfrac{1}{2},\dfrac{1}{2},1\right)^{\mathrm{T}},\boldsymbol{\beta}_3=\boldsymbol{\alpha}_3=(-1,-1,1)^{\mathrm{T}}$,

单位化得 $\boldsymbol{\gamma}_1=\dfrac{1}{\sqrt{2}}(-1,1,0)^{\mathrm{T}},\boldsymbol{\gamma}_2=\dfrac{1}{\sqrt{6}}(1,1,2)^{\mathrm{T}},\boldsymbol{\gamma}_3=\dfrac{1}{\sqrt{3}}(-1,-1,1)^{\mathrm{T}}$,

令正交矩阵 $\boldsymbol{P}=(\boldsymbol{\gamma}_1,\boldsymbol{\gamma}_2,\boldsymbol{\gamma}_3)=\begin{pmatrix}-\dfrac{1}{\sqrt{2}} & \dfrac{1}{\sqrt{6}} & -\dfrac{1}{\sqrt{3}}\\ \dfrac{1}{\sqrt{2}} & \dfrac{1}{\sqrt{6}} & -\dfrac{1}{\sqrt{3}}\\ 0 & \dfrac{2}{\sqrt{6}} & \dfrac{1}{\sqrt{3}}\end{pmatrix}$,则 $\boldsymbol{P}^{\mathrm{T}}\boldsymbol{A}\boldsymbol{P}$ 为对角矩阵.

小结

矩阵 $\boldsymbol{A}$ 中带有参数,需要先利用已知条件求出参数的值,然后将矩阵正交相似对角化.

例7 设 $\boldsymbol{A}$ 为3阶实对称矩阵,若有正交矩阵 $\boldsymbol{P}$,使得 $\boldsymbol{P}^{-1}\boldsymbol{A}\boldsymbol{P}=\boldsymbol{\Lambda}=\begin{pmatrix}-3 & & \\ & -3 & \\ & & 3\end{pmatrix}$,且 $\boldsymbol{\alpha}_1=(1,-2,1)^{\mathrm{T}},\boldsymbol{\alpha}_2=(1,0,1)^{\mathrm{T}}$ 是矩阵 $\boldsymbol{A}$ 的属于特征值 $\lambda=-3$ 的特征向量,求正交矩阵 $\boldsymbol{P}$.

**线索**

由矩阵 $A$ 与对角矩阵 $\Lambda$ 相似,可得存在可逆矩阵 $P$,使得 $AP = P\Lambda$,将 $P$ 按列分块即为 $A(\xi_1, \xi_2, \xi_3) = (\xi_1, \xi_2, \xi_3)\mathrm{diag}(\lambda_1, \lambda_2, \lambda_3)$,作矩阵乘法可得 $(A\xi_1, A\xi_2, A\xi_3) = (\lambda_1\xi_1, \lambda_2\xi_2, \lambda_3\xi_3)$,即 $A\xi_1 = \lambda_1\xi_1, A\xi_2 = \lambda_2\xi_2, A\xi_3 = \lambda_3\xi_3$.

【解】由题意可得 $A$ 的特征值为 $\lambda_1 = \lambda_2 = -3, \lambda_3 = 3$.设属于特征值 $\lambda_3 = 3$ 的特征向量为 $\alpha_3 = (x_1, x_2, x_3)^{\mathrm{T}}$,则根据不同特征值对应的特征向量正交,有 $\alpha_3^{\mathrm{T}}\alpha_1 = 0, \alpha_3^{\mathrm{T}}\alpha_2 = 0$,即

$$\begin{cases} x_1 - 2x_2 + x_3 = 0, \\ x_1 + x_3 = 0, \end{cases}$$

则 $\alpha_3 = (-1, 0, 1)^{\mathrm{T}}$.

现在 $\alpha_1, \alpha_2$ 不正交,利用施密特正交化,

令 $\beta_1 = \alpha_1 = (1, -2, 1)^{\mathrm{T}}, \beta_2 = \alpha_2 - \dfrac{(\alpha_2, \beta_1)}{(\beta_1, \beta_1)}\beta_1 = \left(\dfrac{2}{3}, \dfrac{2}{3}, \dfrac{2}{3}\right)^{\mathrm{T}}, \beta_3 = \alpha_3 = (-1, 0, 1)^{\mathrm{T}}$,

单位化得 $\gamma_1 = \dfrac{1}{\sqrt{6}}(1, -2, 1)^{\mathrm{T}}, \gamma_2 = \dfrac{1}{\sqrt{3}}(1, 1, 1)^{\mathrm{T}}, \gamma_3 = \dfrac{1}{\sqrt{2}}(-1, 0, 1)^{\mathrm{T}}$,

故正交矩阵 $P = (\gamma_1, \gamma_2, \gamma_3) = \begin{pmatrix} \dfrac{1}{\sqrt{6}} & \dfrac{1}{\sqrt{3}} & -\dfrac{1}{\sqrt{2}} \\ -\dfrac{2}{\sqrt{6}} & \dfrac{1}{\sqrt{3}} & \dfrac{1}{\sqrt{2}} \\ \dfrac{1}{\sqrt{6}} & \dfrac{1}{\sqrt{3}} & 0 \end{pmatrix}$.

**小结**

由 $P^{-1}AP = \Lambda$,可以得到 $\Lambda$ 的主对角线元素即为 $A$ 的特征值,矩阵 $P$ 的列向量是 $A$ 的特征值对应的列向量.

**例8** 已知矩阵 $A = \begin{pmatrix} a & b & -4 \\ b & 6 & -2 \\ -4 & -2 & c \end{pmatrix}, \lambda = 7$ 是 $A$ 的二重特征值.

(1) 求 $a, b, c$;

(2) 求正交矩阵 $Q$,使得 $Q^{-1}AQ$ 为对角矩阵.

**线索**

根据 $A$ 是实对称矩阵,可以得到 $\lambda = 7$ 对应的线性无关的特征向量必有 2 个,求出 $A$ 的参数,就可以求正交矩阵 $Q$,使得 $Q^{-1}AQ$ 为对角矩阵.

【解】(1) 因为 $A$ 是实对称矩阵,则 $A$ 必可相似对角化.又 $\lambda = 7$ 是 $A$ 的二重特征值,所以 $R(7E - A) = 1$,即 $7E - A = \begin{pmatrix} 7-a & -b & 4 \\ -b & 1 & 2 \\ 4 & 2 & 7-c \end{pmatrix}$ 的各行元素成比例,则可得 $a = 3, b = -2$.

$c = 3$.

（2）由

$$|\lambda E - A| = \begin{vmatrix} \lambda - 3 & 2 & 4 \\ 2 & \lambda - 6 & 2 \\ 4 & 2 & \lambda - 3 \end{vmatrix} = \begin{vmatrix} \lambda - 3 & 2 & 4 \\ 2 & \lambda - 6 & 2 \\ 7 - \lambda & 0 & \lambda - 7 \end{vmatrix}$$

$$= \begin{vmatrix} \lambda + 1 & 2 & 4 \\ 4 & \lambda - 6 & 2 \\ 0 & 0 & \lambda - 7 \end{vmatrix} = (\lambda - 7)(\lambda + 2)^2$$

得 $A$ 的特征值 $\lambda_1 = \lambda_2 = 7, \lambda_3 = -2$.

当 $\lambda_1 = \lambda_2 = 7$ 时,由 $(7E - A)x = 0$ 得属于 $A$ 的特征值 $\lambda_1 = \lambda_2 = 7$ 的特征向量为 $\boldsymbol{\alpha}_1 = (-1, 2, 0)^T, \boldsymbol{\alpha}_2 = (-1, 0, 1)^T$;

当 $\lambda_3 = -2$ 时,由 $(-2E - A)x = 0$ 得属于 $A$ 的特征值 $\lambda_3 = -2$ 的特征向量为 $\boldsymbol{\alpha}_3 = (2, 1, 2)^T$.

现在 $\boldsymbol{\alpha}_1, \boldsymbol{\alpha}_2$ 不正交,利用施密特正交化,

令 $\boldsymbol{\beta}_1 = \boldsymbol{\alpha}_1 = (-1, 2, 0)^T, \boldsymbol{\beta}_2 = \boldsymbol{\alpha}_2 - \frac{(\boldsymbol{\alpha}_2, \boldsymbol{\beta}_1)}{(\boldsymbol{\beta}_1, \boldsymbol{\beta}_1)}\boldsymbol{\beta}_1 = \left(-\frac{4}{5}, -\frac{2}{5}, 1\right)^T, \boldsymbol{\beta}_3 = \boldsymbol{\alpha}_3 = (2, 1, 2)^T$,

单位化得 $\boldsymbol{\gamma}_1 = \frac{1}{\sqrt{5}}(-1, 2, 0)^T, \boldsymbol{\gamma}_2 = \frac{1}{3\sqrt{5}}(-4, -2, 5)^T, \boldsymbol{\gamma}_3 = \frac{1}{3}(2, 1, 2)^T$,

令正交矩阵 $\boldsymbol{Q} = (\boldsymbol{\gamma}_1, \boldsymbol{\gamma}_2, \boldsymbol{\gamma}_3) = \begin{pmatrix} -\dfrac{1}{\sqrt{5}} & -\dfrac{4}{3\sqrt{5}} & \dfrac{2}{3} \\[2mm] \dfrac{2}{\sqrt{5}} & -\dfrac{2}{3\sqrt{5}} & \dfrac{1}{3} \\[2mm] 0 & \dfrac{5}{3\sqrt{5}} & \dfrac{2}{3} \end{pmatrix}$, 则 $\boldsymbol{Q}^{-1}\boldsymbol{A}\boldsymbol{Q}$ 为对角矩阵.

**例9** 设 $A$ 为 3 阶实对称矩阵,$\mathrm{tr}(A) = 1$,且 $AB = 2B$,其中 $B = \begin{pmatrix} 2 & 2 & 0 \\ 0 & 2 & 1 \\ 1 & 1 & 0 \end{pmatrix}$.

（1）求 $A$ 的特征值,特征向量;

（2）求正交矩阵 $Q$,使得 $Q^{-1}AQ$ 为对角阵;

（3）求 $(A - 2E)^n$.

**线索**

根据 $AB = 2B$ 可以得 $A$ 的部分特征值和特征值对应的特征向量,再由 $\mathrm{tr}(A) = 1$ 得到 $A$ 的全部特征向量,根据实对称矩阵不同特征值对应的特征向量正交得到 $A$ 的全部特征向量. 特征向量正交化和单位化就可以得到正交矩阵 $Q$. 求 $(A - 2E)^n$ 时,不需要求出 $A$,利用 $E$ 变形即可.

【解】（1）由 $AB = 2B$ 可知,2 是 $A$ 的特征值,$B$ 的列向量均为 $A$ 的特征值 2 对应的特征向量,又 $R(B) = 2$,则特征值 2 有两个线性无关的特征向量,所以 $A$ 的特征值 2 至少是二重特征

值，$\alpha_1=(2,0,1)^{\mathrm{T}}$，$\alpha_2=(0,1,0)^{\mathrm{T}}$ 是属于特征值 2 的特征向量，又 $\mathrm{tr}(\boldsymbol{A})=1$，所以 $\boldsymbol{A}$ 的特征值为 $\lambda_1=\lambda_2=2$，$\lambda_3=-3$.

设 $\boldsymbol{\alpha}_3=(x_1,x_2,x_3)^{\mathrm{T}}$ 是属于 $\boldsymbol{A}$ 的特征值 $\lambda_3=-3$ 的特征向量，根据不同特征值对应的特征向量正交，有 $\boldsymbol{\alpha}_3^{\mathrm{T}}\boldsymbol{\alpha}_1=0$，$\boldsymbol{\alpha}_3^{\mathrm{T}}\boldsymbol{\alpha}_2=0$，即

$$\begin{cases}2x_1+x_3=0,\\ x_2=0,\end{cases}$$

则 $\boldsymbol{\alpha}_3=(-1,0,2)^{\mathrm{T}}$.

所以 $\boldsymbol{A}$ 的特征值 $\lambda_1=\lambda_2=2$ 对应的特征向量为 $k_1(2,0,1)^{\mathrm{T}}+k_2(0,1,0)^{\mathrm{T}}$，$k_1,k_2$ 不全为 0；特征值 $\lambda_3=-3$ 对应的特征向量为 $k_3(-1,0,2)^{\mathrm{T}}$，$k_3\neq 0$.

（2）由（1）得 $\boldsymbol{\alpha}_1=(2,0,1)^{\mathrm{T}}$，$\boldsymbol{\alpha}_2=(0,1,0)^{\mathrm{T}}$，$\boldsymbol{\alpha}_3=(-1,0,2)^{\mathrm{T}}$ 为 $\boldsymbol{A}$ 的 3 个线性无关的特征向量，而现在 $\boldsymbol{\alpha}_1,\boldsymbol{\alpha}_2,\boldsymbol{\alpha}_3$ 已经正交，单位化即可，得

$$\boldsymbol{\gamma}_1=\frac{1}{\sqrt5}(2,0,1)^{\mathrm{T}},\boldsymbol{\gamma}_2=(0,1,0)^{\mathrm{T}},\boldsymbol{\gamma}_3=\frac{1}{\sqrt5}(-1,0,2)^{\mathrm{T}},$$

令正交矩阵 $\boldsymbol{Q}=(\boldsymbol{\gamma}_1,\boldsymbol{\gamma}_2,\boldsymbol{\gamma}_3)=\begin{pmatrix}\frac{2}{\sqrt5}&0&-\frac{1}{\sqrt5}\\0&1&0\\\frac{1}{\sqrt5}&0&\frac{2}{\sqrt5}\end{pmatrix}$，使得 $\boldsymbol{Q}^{-1}\boldsymbol{AQ}$ 为对角阵.

（3）设对角矩阵 $\boldsymbol{\Lambda}=\begin{pmatrix}2&&\\&2&\\&&-3\end{pmatrix}$，则 $\boldsymbol{Q}^{-1}\boldsymbol{AQ}=\boldsymbol{Q}^{\mathrm{T}}\boldsymbol{AQ}=\boldsymbol{\Lambda}$，从而 $\boldsymbol{A}=\boldsymbol{Q\Lambda Q}^{\mathrm{T}}$，故

$$(\boldsymbol{A}-2\boldsymbol{E})^n=(\boldsymbol{Q\Lambda Q}^{\mathrm{T}}-2\boldsymbol{E})^n=(\boldsymbol{Q}(\boldsymbol{\Lambda}-2\boldsymbol{E})\boldsymbol{Q}^{\mathrm{T}})^n=\boldsymbol{Q}(\boldsymbol{\Lambda}-2\boldsymbol{E})^n\boldsymbol{Q}^{\mathrm{T}}$$

$$=\begin{pmatrix}\frac{2}{\sqrt5}&0&-\frac{1}{\sqrt5}\\0&1&0\\\frac{1}{\sqrt5}&0&\frac{2}{\sqrt5}\end{pmatrix}\begin{pmatrix}0&&\\&0&\\&&-5^n\end{pmatrix}\begin{pmatrix}\frac{2}{\sqrt5}&0&\frac{1}{\sqrt5}\\0&1&0\\-\frac{1}{\sqrt5}&0&\frac{2}{\sqrt5}\end{pmatrix}$$

$$=\begin{pmatrix}-5^{n-1}&0&2\times5^{n-1}\\0&0&0\\2\times5^{n-1}&0&-4\times5^{n-1}\end{pmatrix}.$$

**小结**

利用矩阵可以相似对角化，可以求矩阵的 $n$ 次幂.

**例10** 设 $\boldsymbol{A}$ 是 3 阶实对称矩阵，其主对角线元素都是 4，且 $\boldsymbol{\alpha}=(1,1,1)^{\mathrm{T}}$ 满足 $\boldsymbol{A\alpha}=8\boldsymbol{\alpha}$.

（1）求矩阵 $\boldsymbol{A}$；

（2）求正交矩阵 $\boldsymbol{P}$，使 $\boldsymbol{P}^{\mathrm{T}}\boldsymbol{AP}$ 为对角矩阵.

---

> **线索**
>
> 根据已知条件不能得到矩阵 $A$ 的全部特征值和特征向量,所以不能用这个思路求矩阵 $A$. 由题意可知,矩阵 $A$ 只有三个元素未知,找到三个方程求得这三个未知元素,即可得到矩阵 $A$,然后求正交矩阵 $P$.

【解】(1) 设 $A = \begin{pmatrix} 4 & a_{12} & a_{13} \\ a_{12} & 4 & a_{23} \\ a_{13} & a_{23} & 4 \end{pmatrix}$,由 $A\alpha = 8\alpha$ 可得

$$\begin{cases} 4 + a_{12} + a_{13} = 8, \\ a_{12} + 4 + a_{23} = 8, \\ a_{13} + a_{23} + 4 = 8, \end{cases}$$

解方程得 $a_{12} = 2, a_{13} = 2, a_{23} = 2$,所以矩阵 $A = \begin{pmatrix} 4 & 2 & 2 \\ 2 & 4 & 2 \\ 2 & 2 & 4 \end{pmatrix}$.

(2) 由 $|\lambda E - A| = \begin{vmatrix} \lambda - 4 & -2 & -2 \\ -2 & \lambda - 4 & -2 \\ -2 & -2 & \lambda - 4 \end{vmatrix} = (\lambda - 8) \begin{vmatrix} 1 & 1 & 1 \\ -2 & \lambda - 4 & -2 \\ -2 & -2 & \lambda - 4 \end{vmatrix}$

$$= (\lambda - 8)(\lambda - 2)^2$$

得矩阵 $A$ 的特征值为 $\lambda_1 = \lambda_2 = 2, \lambda_3 = 8$.

当 $\lambda_1 = \lambda_2 = 2$ 时,由 $(2E - A)x = 0$ 得属于 $\lambda_1 = \lambda_2 = 2$ 的特征向量 $\alpha_1 = (-1, 1, 0)^T$, $\alpha_2 = (-1, 0, 1)^T$;

当 $\lambda_3 = 8$ 时,由 $(8E - A)x = 0$ 得属于 $\lambda_3 = 8$ 的特征向量 $\alpha_3 = (1, 1, 1)^T$.

现在 $\alpha_1, \alpha_2$ 不正交,利用施密特正交化,令

$$\beta_1 = \alpha_1 = (-1, 1, 0)^T, \beta_2 = \alpha_2 - \frac{(\alpha_2, \beta_1)}{(\beta_1, \beta_1)}\beta_1 = \left(-\frac{1}{2}, -\frac{1}{2}, 1\right)^T, \beta_3 = \alpha_3 = (1, 1, 1)^T,$$

将 $\beta_1, \beta_2, \beta_3$ 单位化,得

$$\gamma_1 = \frac{1}{\sqrt{2}}(-1, 1, 0)^T, \gamma_2 = \frac{1}{\sqrt{6}}(1, 1, -2)^T, \gamma_3 = \frac{1}{\sqrt{3}}(1, 1, 1)^T,$$

令正交矩阵 $P = (\gamma_1, \gamma_2, \gamma_3) = \begin{pmatrix} -\dfrac{1}{\sqrt{2}} & \dfrac{1}{\sqrt{6}} & \dfrac{1}{\sqrt{3}} \\ \dfrac{1}{\sqrt{2}} & \dfrac{1}{\sqrt{6}} & \dfrac{1}{\sqrt{3}} \\ 0 & -\dfrac{2}{\sqrt{6}} & \dfrac{1}{\sqrt{3}} \end{pmatrix}$,则 $P^T A P = \begin{pmatrix} 2 & & \\ & 2 & \\ & & 8 \end{pmatrix}$.

**小结**

求矩阵时,可以将矩阵的元素都设出来,然后找到含参数的方程进行求解,即可将矩阵求出来.

## ✎|专项突破小练

### 矩阵的相似对角化 —— 学情测评(A)

1.已知 3 阶矩阵 $A = \begin{pmatrix} 1 & 0 & 0 \\ 1 & 2 & 0 \\ 1 & 2 & 3 \end{pmatrix}$,则 $A$ _____(填"可以"或"不可以")相似对角化.

2.证明矩阵 $A = \begin{pmatrix} 1 & 2 & 3 & \cdots & n \\ 0 & 0 & 0 & \cdots & 0 \\ 0 & 0 & 0 & \cdots & 0 \\ \vdots & \vdots & \vdots & & \vdots \\ 0 & 0 & 0 & \cdots & 0 \end{pmatrix}$ 可相似对角化.

3.已知 3 阶矩阵 $A$ 的特征值为 $1,1,3$,$B$ 和 $A$ 相似,则 $R(B) =$ _____.

4.已知 3 阶矩阵 $A = \begin{pmatrix} x & 4 & 0 \\ 3 & 2 & 0 \\ 0 & 0 & 1 \end{pmatrix}$ 和 $B = \begin{pmatrix} y & 2 & 0 \\ 0 & 6 & 0 \\ 0 & 0 & -1 \end{pmatrix}$ 相似,则 $x =$ _____,$y =$ _____.

5.下列矩阵中,$A$ 和 $B$ 相似的是(      ).

(A)$A = \begin{pmatrix} 1 & 0 & 2 \\ 0 & 0 & 0 \\ 0 & 0 & 0 \end{pmatrix}$,$B = \begin{pmatrix} 1 & 0 & 0 \\ 0 & 0 & 3 \\ 0 & 0 & 0 \end{pmatrix}$

(B)$A = \begin{pmatrix} 1 & -1 & 2 \\ -1 & 2 & 0 \\ 2 & 0 & 3 \end{pmatrix}$,$B = \begin{pmatrix} 1 & 2 & 0 \\ 2 & 1 & 3 \\ 0 & 3 & 1 \end{pmatrix}$

(C)$A = \begin{pmatrix} 1 & 0 & 2 \\ 0 & 0 & 0 \\ 0 & 0 & 0 \end{pmatrix}$,$B = \begin{pmatrix} 1 & 0 & 3 \\ 0 & 0 & 0 \\ 0 & 0 & 0 \end{pmatrix}$

(D)$A = \begin{pmatrix} 1 & 0 & 0 \\ 0 & -2 & 0 \\ 0 & 0 & -3 \end{pmatrix}$,$B = \begin{pmatrix} 2 & 0 & 0 \\ 0 & -3 & 0 \\ 0 & 0 & -3 \end{pmatrix}$

6.已知 3 阶矩阵 $A$ 的特征值为 $0,1,2$,设 $B = A^3 - 2A^2$,则 $R(B) =$(      ).

(A)1          (B)2          (C)3          (D) 不确定

7.设矩阵 $A = \begin{pmatrix} 3 & 2 & -2 \\ -a & -1 & a \\ 4 & 2 & -3 \end{pmatrix}$ 有 3 个线性无关的特征向量.

(1) 求 $a$;

(2) 求可逆矩阵 $P$,使得 $P^{-1}AP$ 为对角矩阵.

8.已知 3 阶矩阵 $A$ 的第 1 行是 $0,2,-3$,且 $\boldsymbol{\alpha}_1 = (2,1,0)^{\mathrm{T}}$,$\boldsymbol{\alpha}_2 = (-3,0,1)^{\mathrm{T}}$,

$\boldsymbol{\alpha}_3 = (-1, -1, 1)^T$ 是矩阵 $\boldsymbol{A}$ 的 3 个特征向量,求矩阵 $\boldsymbol{A}$.

9. 设 $\boldsymbol{A}$ 为 3 阶实对称矩阵,$\boldsymbol{A}^2 + \boldsymbol{A} = \boldsymbol{O}$,$R(\boldsymbol{A}) = 2$,则 $\boldsymbol{A}$ 的全部特征值为_____.

10. 设 $\boldsymbol{A} = \begin{bmatrix} 0 & 0 & 0 & -1 \\ 0 & 0 & 1 & 0 \\ 0 & 1 & 0 & 0 \\ -1 & 0 & 0 & 0 \end{bmatrix}$,试求正交矩阵 $\boldsymbol{Q}$ 及对角矩阵 $\boldsymbol{\Lambda}$,使得 $\boldsymbol{Q}^{-1}\boldsymbol{A}\boldsymbol{Q} = \boldsymbol{\Lambda}$.

11. 设 3 阶实对称矩阵 $\boldsymbol{A}$ 的秩为 1,且 $\boldsymbol{\alpha}_1 = (1, 1, 1)^T$ 是 $(\boldsymbol{A} - 2\boldsymbol{E})\boldsymbol{x} = \boldsymbol{0}$ 的解,设 $\boldsymbol{\beta} = (4, 1, 4)^T$.

(1) 求 $\boldsymbol{A}^n\boldsymbol{\beta}$;

(2) 计算 $(\boldsymbol{A} - \boldsymbol{E})^6$.

# 二 次 型

## （一）化二次型为标准形

**1. 非退化的线性变换（可逆变换）**

$$\begin{cases} x_1 = c_{11}y_1 + c_{12}y_2 + c_{13}y_3, \\ x_2 = c_{21}y_1 + c_{22}y_2 + c_{23}y_3, \\ x_3 = c_{31}y_1 + c_{32}y_2 + c_{33}y_3 \end{cases} \text{写成矩阵的形式为} \begin{pmatrix} x_1 \\ x_2 \\ x_3 \end{pmatrix} = \begin{pmatrix} c_{11} & c_{12} & c_{13} \\ c_{21} & c_{22} & c_{23} \\ c_{31} & c_{32} & c_{33} \end{pmatrix} \begin{pmatrix} y_1 \\ y_2 \\ y_3 \end{pmatrix},$$

若 $\boldsymbol{C} = \begin{vmatrix} c_{11} & c_{12} & c_{13} \\ c_{21} & c_{22} & c_{23} \\ c_{31} & c_{32} & c_{33} \end{vmatrix} \neq 0$，则称 $\boldsymbol{x} = \boldsymbol{Cy}$ 为可逆线性变换（或非退化的线性变换）.

若矩阵 $\boldsymbol{C}$ 为正交矩阵，则称 $\boldsymbol{x} = \boldsymbol{Cy}$ 为正交变换. 此时，

$$f(\boldsymbol{x}) = \boldsymbol{x}^{\mathrm{T}}\boldsymbol{A}\boldsymbol{x} = (\boldsymbol{Cy})^{\mathrm{T}}\boldsymbol{A}(\boldsymbol{Cy}) = \boldsymbol{y}^{\mathrm{T}}(\boldsymbol{C}^{\mathrm{T}}\boldsymbol{A}\boldsymbol{C})\boldsymbol{y} \xrightarrow{\boldsymbol{B} = \boldsymbol{C}^{\mathrm{T}}\boldsymbol{A}\boldsymbol{C}} \boldsymbol{y}^{\mathrm{T}}\boldsymbol{B}\boldsymbol{y}.$$

**2. 矩阵合同**

设 $\boldsymbol{A}, \boldsymbol{B}$ 为 $n$ 阶矩阵，如果存在可逆矩阵 $\boldsymbol{C}$，使得 $\boldsymbol{B} = \boldsymbol{C}^{\mathrm{T}}\boldsymbol{A}\boldsymbol{C}$，则称 $\boldsymbol{A}$ 与 $\boldsymbol{B}$ 合同，记作 $\boldsymbol{A} \simeq \boldsymbol{B}$. 这种对 $\boldsymbol{A}$ 的运算叫做合同变换.

**3. 化二次型为标准形的方法**

**方法一（配方法）：**

（1）若二次型中至少有一个平方项，不妨设 $a_{11} \neq 0$，则对所有含 $x_1$ 的项配方（经配方后剩余各项中不再含 $x_1$）. 如此继续配方，直到每一项都包含在各完全平方项中，引入新变量 $y_1$，$y_2, \cdots, y_n$.

由 $\boldsymbol{y} = \boldsymbol{C}^{-1}\boldsymbol{x}$ 得 $\boldsymbol{x}^{\mathrm{T}}\boldsymbol{A}\boldsymbol{x} = k_1 y_1^2 + k_2 y_2^2 + \cdots + k_n y_n^2$.

（2）若二次型中不含平方项，只有混合项，不妨设 $a_{12} \neq 0$，则可令

$$x_1 = y_1 + y_2, x_2 = y_1 - y_2, x_3 = y_3, \cdots, x_n = y_n,$$

经此坐标变换，二次型中出现 $a_{12}y_1^2 - a_{12}y_2^2$ 后，再按（1）实行配方法.

**方法一（正交变换法）：**

（1）把二次型表示为矩阵形式 $\boldsymbol{x}^{\mathrm{T}}\boldsymbol{A}\boldsymbol{x}$；

（2）求 $\boldsymbol{A}$ 的特征值及相应的特征向量；

（3）若特征值有重根，则对重根所求的特征向量判断是否正交，若不正交，则需施密特正交化；

（4）把特征向量单位化为 $e_1, e_2, \cdots, e_n$；

（5）构造正交矩阵 $C = (e_1, e_2, \cdots, e_n)$；

（6）令 $x = Cy$，得 $x^{\mathrm{T}} A x = \lambda_1 y_1^2 + \lambda_2 y_2^2 + \cdots + \lambda_n y_n^2$.

在正交变换下，最终所得到的标准形，其平方项系数为二次型矩阵 $A$ 的特征值，所用的坐标变换矩阵 $C$ 为二次型矩阵 $A$ 经过施密特正交化后的特征向量构成的矩阵.

### （二）正定二次型和正定矩阵

1. 正定二次型、正定矩阵的定义

若二次型 $f = x^{\mathrm{T}} A x$，对任何 $x \neq 0$，都有 $f > 0$，则称 $f$ 为正定二次型，正定二次型的矩阵 $A$ 称为正定矩阵.

2. 判别二次型的正定性

一个二次型 $x^{\mathrm{T}} A x$，经过可逆线性变换 $x = Cy$，化为 $y^{\mathrm{T}}(C^{\mathrm{T}} A C) y$，其正定性保持不变，即当 $x^{\mathrm{T}} A x \xrightarrow{\quad x = Cy \quad} y^{\mathrm{T}}(C^{\mathrm{T}} A C) y (C \text{ 可逆})$ 时，等式两端的二次型有相同的正定性.

3. 正定矩阵的充要条件

（1）$\forall x \neq 0, x^{\mathrm{T}} A x > 0 \Leftrightarrow A$ 正定.

（2）$A$ 的特征值大于 $0 \Leftrightarrow A$ 正定.

（3）$A$ 的所有的顺序主子式全大于 $0 \Leftrightarrow A$ 正定.

（4）$A$ 与单位矩阵 $E$ 合同，即存在可逆矩阵 $C$，使得 $A = C^{\mathrm{T}} E C = C^{\mathrm{T}} C$.

（5）$A$ 的正惯性指数为 $n \Leftrightarrow A$ 正定.

4. 正定矩阵的必要条件

（1）若 $A$ 正定，则 $|A| > 0$.

（2）若 $A$ 正定，则 $a_{ii} > 0$.

## 📖 | 进阶专项题

**题型1 二次型的标准化**

**➕ 一阶溯源**

**例1** 二次型 $f(x_1, x_2, x_3) = x_1^2 + 5x_2^2 + x_3^2 - 4x_1 x_2 + 2x_2 x_3$ 的标准形是（　　）.

(A) $y_1^2 + 3y_2^2$ 　　　　　　　　　　　　(B) $y_1^2 - 6y_2^2 + 2y_3^2$

(C) $y_1^2 - y_2^2$ 　　　　　　　　　　　　(D) $y_1^2 + y_2^2 + y_3^2$

【答案】(A)

**线索**

因正、负惯性指数就是二次型矩阵的正、负特征值的个数，所以求正交变换下二次型的标准形就是求二次型矩阵的特征值.

【解析】**方法一(配方法)**：由

$$f(x_1,x_2,x_3)=x_1{}^2-4x_1x_2+4x_2{}^2+x_2{}^2+2x_2x_3+x_3{}^2=(x_1-2x_2)^2+(x_2+x_3)^2,$$

可得该二次型的正惯性指数 $p=2$，负惯性指数 $q=0$，因而(A)项是二次型的标准形.

**方法二**：二次型矩阵 $A=\begin{pmatrix}1&-2&0\\-2&5&1\\0&1&1\end{pmatrix}$，其特征多项式为

$$|\lambda E-A|=\begin{vmatrix}\lambda-1&2&0\\2&\lambda-5&-1\\0&-1&\lambda-1\end{vmatrix}=\lambda(\lambda-1)(\lambda-6),$$

故 $A$ 的特征值为 $1,6,0$，即矩阵 $A$ 有两个正特征值，没有负特征值，从而 $p=2,q=0$，由此可知 (A) 项是二次型的标准形.

故选(A).

**例2** 化二次型

$$f(x_1,x_2,x_3)=x_1^2+4x_1x_2+4x_1x_3-x_2^2-2x_2x_3-x_3^2$$

为标准形，并写出所作的可逆线性变换.

**线索**

任何一个 $n$ 元二次型 $f(x_1,x_2,x_3)=x^{\mathrm T}Ax$，都可通过可逆线性变换 $x=Cy$ 化为标准形 $y^{\mathrm T}\Lambda y=d_1y_1^2+d_2y_2^2+\cdots+d_ny_n^2$.

【解】先对 $x_1^2$ 及所有含 $x_1$ 的混合项 $4x_1x_2,4x_1x_3$ 配完全平方，有

$$f(x_1,x_2,x_3)=(x_1+2x_2+2x_3)^2-4x_2^2-4x_3^2-8x_2x_3-x_2^2-x_3^2-2x_2x_3$$
$$=(x_1+2x_2+2x_3)^2-5x_2^2-10x_2x_3-5x_3^2,$$

再对 $5x_2^2$ 及所有含 $x_2$ 的混合项 $-10x_2x_3$ 配完全平方，有

$$f(x_1,x_2,x_3)=(x_1+2x_2+2x_3)^2-5(x_2+x_3)^2.$$

作线性变换

$$\begin{cases}y_1=x_1+2x_2+2x_3,\\y_2=x_2+x_3,\\y_3=x_3,\end{cases}\quad 即\quad\begin{cases}x_1=y_1-2y_2,\\x_2=y_2-y_3,\\x_3=y_3,\end{cases}$$

把二次型化为标准形 $f(x_1,x_2,x_3)\xrightarrow{x=Cy}y_1^2-5y_2^2.$

把线性变换表示成矩阵形式，即 $x=Cy$，其中 $C=\begin{pmatrix}1&-2&0\\0&1&-1\\0&0&1\end{pmatrix}$，因 $|C|=$

$$\begin{vmatrix}1&-2&0\\0&1&-1\\0&0&1\end{vmatrix}=1\neq0,$$ 故所作变换是可逆线性变换.

**二阶提炼**

**例3** 设二次型 $f(x_1,x_2,x_3)=x_1^2+2x_2^2+ax_3^2-4x_1x_2-4x_2x_3$,若二次型经过正交变换化为标准形 $f=2y_1^2+5y_2^2+by_3^2$,则( ).

(A)$a=3,b=1$　　　(B)$a=3,b=-1$　　(C)$a=-3,b=1$　　(D)$a=-3,b=-1$

**【答案】**(B)

**【解析】**易求得二次型 $f$ 矩阵为 $\boldsymbol{A}=\begin{pmatrix} 1 & -2 & 0 \\ -2 & 2 & -2 \\ 0 & -2 & a \end{pmatrix}$,由于经过正交变换,二次型 $f$ 化为

标准形 $f=2y_1^2+5y_2^2+by_3^2$,故 $\boldsymbol{A}$ 的特征值为 $\lambda_1=2,\lambda_2=5,\lambda_3=b$. 于是

$$|2\boldsymbol{E}-\boldsymbol{A}|=\begin{vmatrix} 1 & 2 & 0 \\ 2 & 0 & 2 \\ 0 & 2 & 2-a \end{vmatrix}=4(a-3)=0\Rightarrow a=3.$$

又 $|\lambda\boldsymbol{E}-\boldsymbol{A}|=\begin{vmatrix} \lambda-1 & 2 & 0 \\ 2 & \lambda-2 & 2 \\ 0 & 2 & \lambda-3 \end{vmatrix}=(\lambda-2)(\lambda-5)(\lambda+1)$,于是 $b=\lambda_3=-1$.

**小结**

因经过正交变换的二次型矩阵不但合同而且相似,所以可以利用相似矩阵的性质求其参数.又因经过正交变换化标准形(规范形)时,标准形中平方项的系数就是二次型矩阵的特征值,可以利用特征值的有关性质求其参数.

**例4** 用配方法化二次型 $f(x_1,x_2,x_3)=x_1x_2+x_1x_3-x_2x_3$ 为标准形.

**【解】**这个二次型没有平方项,先作一次变换

$$\begin{cases} x_1=y_1+y_2, \\ x_2=y_1-y_2, \\ x_3=y_3, \end{cases}$$

则

$$f(x_1,x_2,x_3)=y_1^2-y_2^2+2y_2y_3.$$

继续进行配方:

$$y_1^2-y_2^2+2y_2y_3=y_1^2-(y_2-y_3)^2+y_3^2.$$

令

$$\begin{cases} z_1=y_1, \\ z_2=y_2-y_3, \\ z_3=y_3, \end{cases}$$

即

$$\begin{cases} y_1=z_1, \\ y_2=z_2+z_3, \\ y_3=z_3, \end{cases}$$

则

$$f(x_1, x_2, x_3) = z_1^2 - z_2^2 + z_3^2.$$

变换公式为

$$\begin{cases} x_1 = z_1 + z_2 + z_3, \\ x_2 = z_1 - z_2 - z_3, \\ x_3 = z_3. \end{cases}$$

变换矩阵

$$C = \begin{pmatrix} 1 & 1 & 1 \\ 1 & -1 & -1 \\ 0 & 0 & 1 \end{pmatrix}.$$

**小结**

> 配方法与正交变换相比较计算量要小得多,在不指定用正交变换时一般都可用配方法.配方法的另一个优点是可以用它把二次型规范化.

**例5** 已知二次型 $2x_1^2 + 3x_2^2 + 3x_3^2 + 4ax_2x_3 (a > 0)$ 可用正交变换化为 $y_1^2 + 2y_2^2 + 5y_3^2$,求 $a$ 和所作正交变换.

**【解】** 原二次型矩阵 $A$ 和经过正交变换化为二次型的矩阵 $B$ 相似. 又

$$A = \begin{pmatrix} 2 & 0 & 0 \\ 0 & 3 & 2a \\ 0 & 2a & 3 \end{pmatrix}, B = \begin{pmatrix} 1 & 0 & 0 \\ 0 & 2 & 0 \\ 0 & 0 & 5 \end{pmatrix},$$

于是 $|A| = |B| = 10$,而 $|A| = 2(9 - 4a^2)$,得 $a^2 = 1, a = 1$.

因为 $A \sim B$,故 $A$ 和 $B$ 的特征值相同,均为 1,2,5.

当 $\lambda = 1$ 时,解特征方程 $(A - E)x = 0$,得属于 $\lambda = 1$ 的一个特征向量 $\boldsymbol{\eta}_1 = (0, 1, -1)^{\mathrm{T}}$,单位化得 $\boldsymbol{\gamma}_1 = \left(0, \dfrac{\sqrt{2}}{2}, -\dfrac{\sqrt{2}}{2}\right)^{\mathrm{T}}$;

当 $\lambda = 2$ 时,解特征方程 $(A - 2E)x = 0$,得属于 $\lambda = 2$ 的一个单位特征向量 $\boldsymbol{\gamma}_2 = (1, 0, 0)^{\mathrm{T}}$;

当 $\lambda = 5$ 时,解特征方程 $(A - 5E)x = 0$,得属于 $\lambda = 5$ 的一个特征向量 $\boldsymbol{\eta}_3 = (0, 1, 1)^{\mathrm{T}}$,单位化得 $\boldsymbol{\gamma}_3 = \left(0, \dfrac{\sqrt{2}}{2}, \dfrac{\sqrt{2}}{2}\right)^{\mathrm{T}}$.

令 $Q = (\boldsymbol{\gamma}_1, \boldsymbol{\gamma}_2, \boldsymbol{\gamma}_3)$,则正交变换 $x = Qy$ 把原二次型化为 $y_1^2 + 2y_2^2 + 5y_3^2$.

**小结**

> 正交变换虽然计算量大,但它反映出几何上的直角坐标变换,因此实用性大.历年考题中出现很多.还应注意在正交变换时,前后两个二次型的矩阵不仅合同,并且还相似,这常常成为一个考点.

例6 （2012）已知 $A = \begin{pmatrix} 1 & 0 & 1 \\ 0 & 1 & 1 \\ -1 & 0 & a \\ 0 & a & -1 \end{pmatrix}$，二次型 $f(x_1,x_2,x_3) = x^{\mathrm{T}}(A^{\mathrm{T}}A)x$ 的秩为 2，

（1）求实数 $a$ 的值；（2）求正交变换 $x = Qy$，将 $f$ 化为标准形.

线索

二次型中实对称矩阵 $A$ 的秩即为二次型 $f(x_1,x_2,x_3) = x^{\mathrm{T}}Ax$ 的秩.

【解】(1) 由题可知 $R(A^{\mathrm{T}}A) = 2 = R(A)$，且

$$A = \begin{pmatrix} 1 & 0 & 1 \\ 0 & 1 & 1 \\ -1 & 0 & a \\ 0 & a & -1 \end{pmatrix} \rightarrow \begin{pmatrix} 1 & 0 & 1 \\ 0 & 1 & 1 \\ 0 & 0 & a+1 \\ 0 & 0 & 0 \end{pmatrix},$$

故 $a = -1$.

(2) 由 $a = -1$ 得 $B = A^{\mathrm{T}}A = \begin{pmatrix} 2 & 0 & 2 \\ 0 & 2 & 2 \\ 2 & 2 & 4 \end{pmatrix}$，故矩阵 $B$ 的特征多项式为

$$|\lambda E - B| = \begin{vmatrix} \lambda-2 & 0 & -2 \\ 0 & \lambda-2 & -2 \\ -2 & -2 & \lambda-4 \end{vmatrix} = \lambda(\lambda-2)(\lambda-6),$$

得 $B$ 的特征值为 $\lambda_1 = 2, \lambda_2 = 6, \lambda_3 = 0$.

当 $\lambda_1 = 2$ 时，解特征方程 $(0E - B)x = 0$ 得特征向量为 $\alpha_1 = \begin{pmatrix} 1 \\ -1 \\ 0 \end{pmatrix}$，单位化后为

$e_1 = \frac{1}{\sqrt{2}} \begin{pmatrix} 1 \\ -1 \\ 0 \end{pmatrix}$;

当 $\lambda_2 = 6$ 时，解特征方程 $(2E - B)x = 0$ 得特征向量为 $\alpha_2 = \begin{pmatrix} 1 \\ 1 \\ 2 \end{pmatrix}$，单位化后为 $e_2 = \frac{1}{\sqrt{6}} \begin{pmatrix} 1 \\ 1 \\ 2 \end{pmatrix}$;

当 $\lambda_3 = 0$ 时，解特征方程 $(6E - B)x = 0$ 得特征向量为 $\alpha_3 = \begin{pmatrix} 1 \\ 1 \\ -1 \end{pmatrix}$，单位化后为

$e_2 = \frac{1}{\sqrt{3}} \begin{pmatrix} 1 \\ 1 \\ -1 \end{pmatrix}$.

$$\text{故所求正交矩阵 } Q = (e_1, e_2, e_3) = \begin{pmatrix} \dfrac{1}{\sqrt{2}} & \dfrac{1}{\sqrt{6}} & \dfrac{1}{\sqrt{3}} \\ -\dfrac{1}{\sqrt{2}} & \dfrac{1}{\sqrt{6}} & \dfrac{1}{\sqrt{3}} \\ 0 & \dfrac{2}{\sqrt{6}} & -\dfrac{1}{\sqrt{3}} \end{pmatrix}.$$

**小结**

熟练掌握利用正交变换化二次型为标准形的方法.

**例7** (2010) 已知二次型 $f(x_1, x_2, x_3) = x^{\mathrm{T}} A x$ 在正交变换 $x = Q y$ 下的标准形为 $y_1^2 + y_2^2$，且 $Q$ 的第 3 列为 $\left( \dfrac{\sqrt{2}}{2}, 0, \dfrac{\sqrt{2}}{2} \right)^{\mathrm{T}}$.

(1) 求矩阵 $A$；(2) 证明 $A + E$ 为正定矩阵，其中 $E$ 为 3 阶单位阵.

**线索**

(1) 根据相似变换 $Q^{-1} A Q = \Lambda$ 可知 $A = Q \Lambda Q^{-1}$；(2) 二次型正定的充要条件即特征值全大于 0.

**【解】**(1) 因为二次型 $x^{\mathrm{T}} A x$ 在正交变换 $x = Q y$ 下的标准形为 $y_1^2 + y_2^2$，所以其系数 $1, 1, 0$ 就是矩阵的特征值，即

$$Q^{-1} A Q = Q^{\mathrm{T}} A Q = \begin{pmatrix} 1 & & \\ & 1 & \\ & & 0 \end{pmatrix},$$

且矩阵 $Q$ 的第 3 列就是属于特征值 0 的特征向量.

设 $(x_1, x_2, x_3)^{\mathrm{T}}$ 为 $A$ 的属于特征值 1 的特征向量.由于实对称矩阵属于不同特征值的特征向量是正交的，故

$$(1, 0, 1) \begin{pmatrix} x_1 \\ x_2 \\ x_3 \end{pmatrix} = 0,$$

即 $x_1 + x_3 = 0$，解得 $\xi_1 = \left( \dfrac{\sqrt{2}}{2}, 0, -\dfrac{\sqrt{2}}{2} \right)^{\mathrm{T}}$，$\xi_2 = (0, 1, 0)^{\mathrm{T}}$，即为属于特征值 1 的两个正交单位特征向量.以 $\xi_1, \xi_2$ 分别为 $Q$ 的第 1, 2 列得到

$$Q = \begin{pmatrix} \dfrac{\sqrt{2}}{2} & 0 & \dfrac{\sqrt{2}}{2} \\ 0 & 1 & 0 \\ -\dfrac{\sqrt{2}}{2} & 0 & \dfrac{\sqrt{2}}{2} \end{pmatrix}, \text{且 } Q^{\mathrm{T}} A Q = \begin{pmatrix} 1 & & \\ & 1 & \\ & & 0 \end{pmatrix}.$$

从而得

$$A = Q \begin{pmatrix} 1 & & \\ & 1 & \\ & & 0 \end{pmatrix} Q^{\mathrm{T}} = \frac{1}{2} \begin{pmatrix} 1 & 0 & -1 \\ 0 & 2 & 0 \\ -1 & 0 & 1 \end{pmatrix}.$$

(2) 因为 $A$ 的特征值为 $1,1,0$,所以矩阵 $A+E$ 的特征值为 $2,2,1$. 又 $A^{\mathrm{T}}=A$,则 $A+E$ 为实对称矩阵,故 $A+E$ 是正定矩阵(实对称矩阵正定的一个充要条件是其所有的特征值均为正数).

**小结**

第(2)问也可计算 $A+E$ 的顺序主子式 $\Delta_1 = \frac{3}{2} > 0$, $\Delta_2 = 3 > 0$, $\Delta_3 = 4 > 0$,从而 $A+E$ 正定.

**例8** (2013) 设二次型

$$f(x_1, x_2, x_3) = 2(a_1x_1 + a_2x_2 + a_3x_3)^2 + (b_1x_1 + b_2x_2 + b_3x_3)^2,$$

记

$$\boldsymbol{\alpha} = \begin{pmatrix} a_1 \\ a_2 \\ a_3 \end{pmatrix}, \boldsymbol{\beta} = \begin{pmatrix} b_1 \\ b_2 \\ b_3 \end{pmatrix}.$$

(1) 证明二次型 $f$ 对应的矩阵为 $2\boldsymbol{\alpha}\boldsymbol{\alpha}^{\mathrm{T}} + \boldsymbol{\beta}\boldsymbol{\beta}^{\mathrm{T}}$;

(2) 若 $\boldsymbol{\alpha}, \boldsymbol{\beta}$ 正交且均为单位向量,证明 $f$ 在正交变换下的标准形为 $2y_1^2 + y_2^2$.

**线索**

主要考查二次型矩阵的定义,以及通过正交变换法化标准形.

【证明】(1) 记列向量组 $\boldsymbol{x} = \begin{pmatrix} x_1 \\ x_2 \\ x_3 \end{pmatrix}$,由于

$$a_1x_1 + a_2x_2 + a_3x_3 = (x_1, x_2, x_3) \begin{pmatrix} a_1 \\ a_2 \\ a_3 \end{pmatrix} = (a_1, a_2, a_3) \begin{pmatrix} x_1 \\ x_2 \\ x_3 \end{pmatrix},$$

所以 $b_1x_1 + b_2x_2 + b_3x_3$ 也有类似的表达式. 故

$$f(x_1, x_2, x_3) = 2(a_1x_1 + a_2x_2 + a_3x_3)^2 + (b_1x_1 + b_2x_2 + b_3x_3)^2$$

$$= 2(x_1, x_2, x_3) \begin{pmatrix} a_1 \\ a_2 \\ a_3 \end{pmatrix} (a_1, a_2, a_3) \begin{pmatrix} x_1 \\ x_2 \\ x_3 \end{pmatrix} + (x_1, x_2, x_3) \begin{pmatrix} b_1 \\ b_2 \\ b_3 \end{pmatrix} (b_1, b_2, b_3) \begin{pmatrix} x_1 \\ x_2 \\ x_3 \end{pmatrix}$$

$$= 2\boldsymbol{x}^{\mathrm{T}} \boldsymbol{\alpha}\boldsymbol{\alpha}^{\mathrm{T}} \boldsymbol{x} + \boldsymbol{x}^{\mathrm{T}} \boldsymbol{\beta}\boldsymbol{\beta}^{\mathrm{T}} \boldsymbol{x} = \boldsymbol{x}^{\mathrm{T}} (2\boldsymbol{\alpha}\boldsymbol{\alpha}^{\mathrm{T}} + \boldsymbol{\beta}\boldsymbol{\beta}^{\mathrm{T}}) \boldsymbol{x}.$$

又因为 $(2\boldsymbol{\alpha}\boldsymbol{\alpha}^{\mathrm{T}} + \boldsymbol{\beta}\boldsymbol{\beta}^{\mathrm{T}})^{\mathrm{T}} = 2\boldsymbol{\alpha}\boldsymbol{\alpha}^{\mathrm{T}} + \boldsymbol{\beta}\boldsymbol{\beta}^{\mathrm{T}}$,故 $2\boldsymbol{\alpha}\boldsymbol{\alpha}^{\mathrm{T}} + \boldsymbol{\beta}\boldsymbol{\beta}^{\mathrm{T}}$ 为实对称矩阵,所以二次型 $f$ 对应的

矩阵为 $2\boldsymbol{\alpha}\boldsymbol{\alpha}^{\mathrm{T}}+\boldsymbol{\beta}\boldsymbol{\beta}^{\mathrm{T}}$.

（2）记矩阵 $\boldsymbol{A}=2\boldsymbol{\alpha}\boldsymbol{\alpha}^{\mathrm{T}}+\boldsymbol{\beta}\boldsymbol{\beta}^{\mathrm{T}}$，由于 $\boldsymbol{\alpha}$，$\boldsymbol{\beta}$ 正交且均为单位向量，所以 $\boldsymbol{\alpha}^{\mathrm{T}}\boldsymbol{\alpha}=1$，$\boldsymbol{\beta}^{\mathrm{T}}\boldsymbol{\beta}=1$，$\boldsymbol{\alpha}^{\mathrm{T}}\boldsymbol{\beta}=0$，$\boldsymbol{\beta}^{\mathrm{T}}\boldsymbol{\alpha}=0$，故 $\boldsymbol{A}\boldsymbol{\alpha}=(2\boldsymbol{\alpha}\boldsymbol{\alpha}^{\mathrm{T}}+\boldsymbol{\beta}\boldsymbol{\beta}^{\mathrm{T}})\boldsymbol{\alpha}=2\boldsymbol{\alpha}$，$\boldsymbol{A}\boldsymbol{\beta}=(2\boldsymbol{\alpha}\boldsymbol{\alpha}^{\mathrm{T}}+\boldsymbol{\beta}\boldsymbol{\beta}^{\mathrm{T}})\boldsymbol{\beta}=\boldsymbol{\beta}$，所以 $\boldsymbol{A}$ 有特征值 $\lambda_1=2$，$\lambda_2=1$.

又因为 $R(\boldsymbol{A})<R(\boldsymbol{\alpha}\boldsymbol{\alpha}^{\mathrm{T}})+R(\boldsymbol{\beta}\boldsymbol{\beta}^{\mathrm{T}})=2$，所以 $\boldsymbol{A}$ 有特征值 $\lambda_3=0$，故二次型 $f$ 在正交变换下的标准形为 $2y_1^2+y_2^2$.

**小结**

> 根据二次型矩阵的特征值得到其标准形.

**题型2** 有关二次型的秩及正、负惯性指数的问题

 一阶溯源

**例1** 二次型 $f(x_1,x_2,x_3)=(x_1+x_2)^2+(x_2-x_3)^2+(x_3+x_1)^2$ 的秩为 _____.

【答案】2

> **线索**
>
> 二次型的秩即为其矩阵的秩，亦即为其标准形中平方项系数的个数，因而可用初等变换或配方法求其秩.

【解析】**方法一**：二次型 $f$ 的矩阵为 $\boldsymbol{A}=\begin{pmatrix}2&1&1\\1&2&-1\\1&-1&2\end{pmatrix}$，对 $\boldsymbol{A}$ 施行初等变换，得到

$$\boldsymbol{A}\rightarrow\begin{pmatrix}1&0&0\\0&1&0\\0&0&0\end{pmatrix},$$

从而 $R(\boldsymbol{A})=2$，即二次型 $f$ 的秩为 2.

**方法二（配方法）**：$f(x_1,x_2,x_3)=(x_1+x_2)^2+(x_2-x_3)^2+(x_3+x_1)^2$
$$=2x_1^2+2x_2^2+2x_3^2+2x_1x_2+2x_1x_3-2x_2x_3$$
$$=2\left(x_1+\frac{x_2}{2}+\frac{x_3}{2}\right)^2+\frac{3(x_2-x_3)^2}{2}=2y_1^2+\frac{3}{2}y_2^2$$

其中 $y_1=x_1+\dfrac{x_2}{2}+\dfrac{x_3}{2}$，$y_2=x_2-x_3$，故二次型 $f$ 的秩为 2.

**例2** 设二次型 $f(x_1,x_2,x_3)=x_1^2+5x_2^2+2x_3^2+4x_1x_2+2x_1x_3+4ax_2x_3$ 的秩为 2，求常数 $a$.

> **线索**
>
> 二次型矩阵的秩.

【解】因为二次型 $f = x^{\mathrm{T}}Ax$ 的秩为 2，所以 $R(A)=2$. 又

$$A = \begin{pmatrix} 1 & 2 & 1 \\ 2 & 5 & 2a \\ 1 & 2a & 2 \end{pmatrix} \rightarrow \begin{pmatrix} 1 & 2 & 1 \\ 0 & 1 & 2a-2 \\ 0 & 2a-2 & 1 \end{pmatrix} \rightarrow \begin{pmatrix} 1 & 2 & 1 \\ 0 & 1 & 2a-2 \\ 0 & 0 & -(2a-2)^2+1 \end{pmatrix},$$

于是 $-(2a-2)^2+1=0$，故 $a=\dfrac{1}{2}$ 或 $a=\dfrac{3}{2}$.

🎵二阶提炼

例3 $f(x_1,x_2,x_3) = (x_1+x_2)^2+(2x_1+3x_2+x_3)^2-5(x_2+x_3)^2$ 的规范形是(  ).

(A)$y_1^2+y_2^2-5y_3^2$      (B)$y_2^2-y_3^2$

(C)$y_1^2+y_2^2-y_3^2$      (D)$y_1^2+y_2^2$

【答案】(B)

【解析】二次型 $f$ 经整理得

$$f(x_1,x_2,x_3) = 5x_1^2+5x_2^2-4x_3^2+14x_1x_2+4x_1x_3-4x_2x_3.$$

由

$$|\lambda E - A| = \begin{vmatrix} \lambda-5 & -7 & -2 \\ -7 & \lambda-5 & 2 \\ -2 & 2 & \lambda+4 \end{vmatrix} = \begin{vmatrix} \lambda-12 & \lambda-12 & 0 \\ -7 & \lambda-5 & 2 \\ -2 & 2 & \lambda+4 \end{vmatrix}$$

$$= (\lambda-12)\begin{vmatrix} 1 & 1 & 0 \\ -7 & \lambda-5 & 2 \\ -2 & 2 & \lambda+4 \end{vmatrix} = (\lambda-12)\begin{vmatrix} 1 & 0 & 0 \\ -7 & \lambda+2 & 2 \\ -2 & 4 & \lambda+4 \end{vmatrix}$$

$$= \lambda(\lambda+6)(\lambda-12).$$

可知矩阵 $A$ 的特征值为 $12,-6,0$. 因此，二次型正负惯性指数均为 1.

故选(B).

小结

只要求出二次型的正、负惯性指数就可以确定其规范形. 通常，用求二次型矩阵的特征值或用配方法化二次型为标准形求其正、负惯性指数.

例4 已知二次型 $f(x_1,x_2,x_3,x_4)=x^{\mathrm{T}}Ax$ 的正惯性指数 $p=1$，$R(A)=4$，且 $A^2-2A-3E=O$，则该二次型的规范形为_____.

【答案】$y_1^2-y_2^2-y_3^2-y_4^2$

【解析】设 $A\alpha=\lambda\alpha$，$\lambda$ 为 $A$ 的任一特征值，$\alpha \neq 0$ 为其特征向量，则由 $(A^2-2A-3E)\alpha=0$，得 $(\lambda^2-2\lambda-3)\alpha=0$. 因 $\alpha \neq 0$，故 $\lambda^2-2\lambda-3=0$，即 $\lambda=3$ 或 $\lambda=-1$. 因 $p=1$，故负惯性指数 $q=R(A)-p=4-1=3$，所以 $A$ 的特征值为 $3,-1,-1,-1$，从而二次型的规范形为 $y_1^2-y_2^2-y_3^2-y_4^2$.

**小结**

只要求出二次型的正、负惯性指数就可以确定其规范形.通常,用求二次型矩阵的特征值或用配方法化二次型为标准形求其正、负惯性指数.

**三阶突破**

**例5** (2008)设 $A$ 为3阶实对称矩阵,如果曲面二次方

程 $(x,y,z)A\begin{pmatrix} x \\ y \\ z \end{pmatrix}=1$ 在正交变换下的标准方程的图形如图

所示,则 $A$ 的正特征值的个数为(    ).

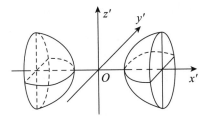

(A)0            (B)1            (C)2            (D)3

【答案】(B)

**线索**

考察已知图形的标准方程.

【解析】由图可知,二次曲面为双叶双曲面,其标准方程应为
$$\frac{x^2}{a^2}-\frac{y^2}{b^2}-\frac{z^2}{c^2}=1,$$

从而方程左端对应二次型的正惯性指数为1,即正特征值的个数为1.

故选(B).

**小结**

双叶双曲面的标准方程为 $\dfrac{x^2}{a^2}-\dfrac{y^2}{b^2}-\dfrac{z^2}{c^2}=1$.

**例6** (2014)设二次型 $f(x_1,x_2,x_3)=x_1^2-x_2^2+2ax_1x_3+4x_2x_3$ 的负惯性指数为1,则 $a$ 的取值范围是_____.

【答案】$[-2,2]$

**线索**

二次型的正、负惯性指数可结合矩阵的行列式与标准形求解.

【解析】**方法一(配方法)**:将所给二次型用配方法化为负惯性指数仅为1的标准形,则其余项的系数必大于等于零,由此确定 $a$ 的取值范围. 又
$$f(x_1,x_2,x_3)=x_1^2-x_2^2+2ax_1x_3+4x_2x_3=x_1^2+2ax_1x_3+a^2x_3^2-x_2^2+4x_2x_3-a^2x_3^2$$
$$=(x_1+ax_3)^2-(x_2^2-4x_2x_3+4x_3^2)+4x_3^2-a^2x_3^2$$
$$=(x_1+ax_3)^2-(x_2-2x_3)^2+(4-a^2)x_3^2,$$

令 $x_1+ax_3=y_1,x_2-2x_3=y_2,x_3=y_3$,则 $f(x_1,x_2,x_3)=y_1^2-y_2^2+(4-a^2)y_3^2$,因其负惯性指数1,故 $4-a^2\geqslant0$,则 $-2\leqslant a\leqslant2$,即 $a$ 的取值范围为 $[-2,2]$.

**方法二**:二次型的矩阵 $A = \begin{pmatrix} 1 & 0 & a \\ 0 & -1 & 2 \\ a & 2 & 0 \end{pmatrix}$,$|A| = a^2 - 4$,因 $f$ 的负惯性指数为 1,即 $A$ 只有一个负特征值,因而 $|A| \leqslant 0$,解得 $-2 \leqslant a \leqslant 2$,即 $a$ 的取值范围为 $[-2, 2]$.

**小结**

> 二次型 $f(x_1, x_2, x_3)$ 的负惯性指数为 1,则其对应矩阵行列式的值小于等于 0.

**题型3** 矩阵等价、相似与合同的关系

**一阶溯源**

**例1** 设 $A = \begin{pmatrix} 1 & 2 \\ 2 & 1 \end{pmatrix}$,则在实数域上与 $A$ 合同的矩阵为( ).

(A) $\begin{pmatrix} -2 & 1 \\ 1 & -2 \end{pmatrix}$ (B) $\begin{pmatrix} 2 & -1 \\ -1 & 2 \end{pmatrix}$

(C) $\begin{pmatrix} 2 & 1 \\ 1 & 2 \end{pmatrix}$ (D) $\begin{pmatrix} 1 & -2 \\ -2 & 1 \end{pmatrix}$

**【答案】**(D)

**线索**

> 合同矩阵的性质.

**【解析】方法一**:记 $D = \begin{pmatrix} 1 & -2 \\ -2 & 1 \end{pmatrix}$,因 $|\lambda E - A| = (\lambda - 1)^2 - 4$,$|\lambda E - D| = (\lambda - 1)^2 - 4$,故实对称矩阵 $A$ 与 $D$ 的正、负特征值个数相同,所以 $A$ 与 $D$ 合同.

故选(D).

**方法二**:由方法一知,实对称矩阵 $A$ 与 $D$ 有相同的特征值及其重数,知 $A$ 与 $D$ 相似,则 $A$ 与 $D$ 必合同.

故选(D).

**二阶提炼**

**例2** 设 $A = \begin{pmatrix} 1 & 1 & 1 & 1 \\ 1 & 1 & 1 & 1 \\ 1 & 1 & 1 & 1 \\ 1 & 1 & 1 & 1 \end{pmatrix}$,$B = \begin{pmatrix} 4 & 0 & 0 & 0 \\ 0 & 0 & 0 & 0 \\ 0 & 0 & 0 & 0 \\ 0 & 0 & 0 & 0 \end{pmatrix}$,则 $A$ 与 $B$( ).

(A) 合同且相似 (B) 合同但不相似

(C) 不合同但相似 (D) 不合同且不相似

**【答案】**(A)

**【解析】**$A$ 的特征值为 $\lambda_1 = 4$,$\lambda_2 = \lambda_3 = \lambda_4 = 0$,又 $A$ 为实对称矩阵,故存在正交矩阵 $Q$,使得 $Q^{-1}AQ = Q^{T}AQ = \text{diag}(4, 0, 0, 0)$,可见 $A$ 与 $B$ 既合同又相似.

故选(A).

**小结**

两矩阵合同或相似可根据定义法判别.

**三阶突破**

**例3** 设 $A$ 与 $B$ 均为 $n$ 阶实对称矩阵,则下列命题正确的是( ).

(A) 若 $A$ 与 $B$ 等价,则 $A$ 与 $B$ 相似 　(B) 若 $A$ 与 $B$ 相似,则 $A$ 与 $B$ 合同

(C) 若 $A$ 与 $B$ 合同,则 $A$ 与 $B$ 相似 　(D) 若 $A$ 与 $B$ 等价,则 $A$ 与 $B$ 合同

【答案】(B)

**线索**

考察两矩阵合同与相似的判定.

【解析】**方法一**:因 $A$ 与 $B$ 为 $n$ 阶实对称矩阵,则若 $A$ 与 $B$ 相似,则 $A$ 与 $B$ 必合同.故选(B).

**方法二**:用排除法求之. 对于(A)项,若 $A$ 与 $B$ 等价,则 $R(A)=R(B)$,但其特征值不一定相等,故 $A$ 与 $B$ 不一定相似. 例如,取 $A=\text{diag}(1,2)$,$B=\text{diag}(2,-3)$,则 $A$ 与 $B$ 等价,但不相似,这是因为其特征值不相等. 对于(D)项,若 $A$ 与 $B$ 等价,但其正、负惯性指数不一定相等,故 $A$,$B$ 不一定合同. 对于(C)项,若 $A \simeq B$,则有相同的正、负惯性指数,但其特征值未必相等,故 $A$,$B$ 不一定相似. 例如,取 $A=\text{diag}(1,2)$,$B=\text{diag}(2,3)$,则虽然 $A \simeq B$,但不相似,(C)项不正确. 故选(B).

**小结**

两同阶实对称矩阵相似,则必合同;反之,不一定成立.

**题型4** 矩阵正定性的判定及证明

**一阶溯源**

**例1** 设 $A$ 与 $B$ 均为 $n$ 阶实对称矩阵,若对于任意 $n$ 维列向量 $x \neq 0$,都有 $x^{\mathrm{T}}Ax > x^{\mathrm{T}}Bx$,则( ).

(A)$A$,$B$ 均为正定矩阵 　(B)$A-B$ 为正定矩阵

(C)$A$ 的行列式大于 $B$ 的行列式 　(D)$A$ 的特征值大于 $B$ 的特征值

【答案】(B)

**线索**

正定矩阵的定义考察.

【解析】由题设知,$A$ 与 $B$ 均为 $n$ 阶实对称矩阵,且对于任意 $n$ 维列向量 $x \neq 0$,都有 $x^{\mathrm{T}}Ax > x^{\mathrm{T}}Bx$,于是

$$x^{\mathrm{T}}(A-B)x = x^{\mathrm{T}}Ax - x^{\mathrm{T}}Bx > 0.$$

又 $(\boldsymbol{A}-\boldsymbol{B})^{\mathrm{T}}=\boldsymbol{A}^{\mathrm{T}}-\boldsymbol{B}^{\mathrm{T}}=\boldsymbol{A}-\boldsymbol{B}$,知矩阵 $\boldsymbol{A}-\boldsymbol{B}$ 正定.

故选(B).

**二阶提炼**

**例2** 设二次型 $f(x_1,x_2,x_3)=\boldsymbol{x}^{\mathrm{T}}\boldsymbol{A}\boldsymbol{x}$,其中$\boldsymbol{A}^{\mathrm{T}}=\boldsymbol{A}$,$\boldsymbol{x}=(x_1,x_2,x_3)^{\mathrm{T}}$,则 $f$ 正定的充分必要条件是( ).

(A)$\boldsymbol{A}$ 的行列式 $|\boldsymbol{A}|>0$        (B) 存在可逆矩阵 $\boldsymbol{P}$,使得 $\boldsymbol{A}=\boldsymbol{P}^{\mathrm{T}}\boldsymbol{P}$

(C)$f$ 的秩为 3                (D)$f$ 的负惯性指数为 $0$

【答案】(B)

【解析】**方法一**：$|\boldsymbol{A}|>0$ 及 $f$ 的秩为 3,都不能肯定 $\boldsymbol{A}$ 的全部顺序主子式均大于 0. 由于负惯性指数为 0,不能保证正惯性指数 3,故(A)、(C)、(D) 三项都不正确.

故选(B).

**方法二**：若 $\boldsymbol{A}=\boldsymbol{P}^{\mathrm{T}}\boldsymbol{P}$,其中 $\boldsymbol{P}$ 为可逆矩阵,则对于任意 $\boldsymbol{x}\neq\boldsymbol{0}$,都有 $\boldsymbol{P}\boldsymbol{x}\neq\boldsymbol{0}$,若 $\boldsymbol{P}\boldsymbol{x}=\boldsymbol{0}$,则 $\boldsymbol{x}=\boldsymbol{P}^{-1}\boldsymbol{0}=\boldsymbol{0}$ 与 $\boldsymbol{x}\neq\boldsymbol{0}$ 矛盾.

故 $f=\boldsymbol{x}^{\mathrm{T}}\boldsymbol{A}\boldsymbol{x}=\boldsymbol{x}^{\mathrm{T}}\boldsymbol{P}^{\mathrm{T}}\boldsymbol{P}\boldsymbol{x}=\|\boldsymbol{P}\boldsymbol{x}\|^2>0$,即 $f$ 为正定的. 反之,若 $f$ 正定,则存在可逆矩阵 $\boldsymbol{M}$,使 $\boldsymbol{M}^{\mathrm{T}}\boldsymbol{A}\boldsymbol{M}=\boldsymbol{E}$,$\boldsymbol{M}$ 可逆,故 $\boldsymbol{A}=(\boldsymbol{M}^{\mathrm{T}})^{-1}\boldsymbol{M}^{-1}=(\boldsymbol{M}^{-1})^{\mathrm{T}}\boldsymbol{M}^{-1}$,取 $\boldsymbol{P}=\boldsymbol{M}^{-1}$,有 $\boldsymbol{A}=\boldsymbol{P}^{\mathrm{T}}\boldsymbol{P}$.

故选(B).

**小结**

> 二次型正定的充要条件的考察.

**三阶突破**

**例3** 设二次型 $f(x_1,x_2,x_3)=(ax_1+x_2-2x_3)^2+(x_2+2x_3)^2+(x_1-ax_2+x_3)^2$,$f(x_1,x_2,x_3)$ 正定的充分必要条件是( ).

(A)$a>0$       (B)$a\neq 0$       (C)$a>2$       (D)$a$ 为任意实数

【答案】(D)

**线索**

> 正定矩阵的充分必要条件.

【解析】由题设条件知,对于任意 $x_1,x_2,x_3$,总有 $f(x_1,x_2,x_3)\geqslant 0$,下面找出使 $f(x_1,x_2,x_3)=0$ 的条件.事实上,当且仅当

$$\begin{cases} ax_1+x_2-2x_3=0, \\ x_2+2x_3=0, \\ x_1-ax_2+x_3=0 \end{cases} \quad (*)$$

时,二次型 $f(x_1,x_2,x_3)=0$.设方程组$(*)$的系数矩阵为 $\boldsymbol{A}$,易求得

$$|\boldsymbol{A}|=\begin{vmatrix} a & 1 & -2 \\ 0 & 1 & 2 \\ 1 & -a & 1 \end{vmatrix}=2a^2+a+4=2\left(a+\frac{1}{4}\right)^2+\frac{31}{8}.$$

由于对于任意实数 $a$，恒有 $|A|>0$，因而方程组（ * ）只有零解. 于是当且仅当 $x_1=x_2=x_3=0$ 时，才有 $f(x_1,x_2,x_3)=0$，所以对于任意不全为零的数 $x_1,x_2,x_3$，必有 $f(x_1,x_2,x_3)>0$. 因而二次型 $f(x_1,x_2,x_3)$ 正定的充分必要条件是 $a$ 为任意实数.

故选（D）.

**小结**

二次型 $f(x_1,x_2,x_3)=x^{\mathrm{T}}Ax$ 为正定二次型 $\Leftrightarrow$ 实对称阵 $A$ 的所有顺序主子式大于 0.

## ✎|专项突破小练

### 二次型 —— 学情测评(B)

**一、选择题**

1. 设实矩阵 $A=(a_{ij})_{n\times n}$，则二次型 $f(x_1,x_2,\cdots,x_n)=\sum_{i=1}^{n}(a_{i1}x_1+a_{i2}x_2+\cdots+a_{in}x_n)^2$ 的矩阵为（  ）.

(A)$A$      (B)$A^2$      (C)$A^{\mathrm{T}}A$      (D)$AA^{\mathrm{T}}$

2. 若实对称矩阵 $A$ 与 $B=\begin{pmatrix}0&0&0\\0&2&1\\0&1&2\end{pmatrix}$ 合同，则二次型 $x^{\mathrm{T}}Ax$ 的规范形为（  ）.

(A)$y_1^2+y_2^2$      (B)$y_1^2-y_2^2$      (C)$y_1^2+y_2^2-y_3^2$      (D)$y_1^2-y_2^2-y_3^2$

3. 设实对称矩阵 $A=(a_{ij})_{n\times n}$，则下列命题中正确的是（  ）.

(A) 若 $a_{ii}>0(i=1,3,\cdots,n)$，则 $A$ 正定

(B) 若 $|A|>0$，则 $A$ 正定

(C) 若 $R(A)=n$，则 $A$ 正定

(D) 存在可逆矩阵 $P$，使得 $P^{-1}AP$ 正定，则 $A$ 正定

4. 设 $n$ 元二次型 $f(x_1,x_2,\cdots,x_n)=x^{\mathrm{T}}Ax$，其中 $A^{\mathrm{T}}=A$，若二次型 $f(x_1,x_2,\cdots,x_n)$ 通过可逆线性变换 $x=Cy$ 化为 $f(x_1,x_2,\cdots,x_n)=y^{\mathrm{T}}By$，则下列结论中不正确的是（  ）.

(A)$A$ 与 $B$ 合同      (B)$A$ 与 $B$ 等价

(C)$A$ 与 $B$ 相似      (D)$R(A)=R(B)$

**二、填空题**

5. 已知实二次型 $f(x_1,x_2,x_3)=a(x_1^2+x_2^2+x_3^2)+4x_1x_2+4x_1x_3+4x_2x_3$，经正交变换 $x=Py$ 可化成标准形 $f=6y_1^2$，则 $a=$ _____ .

6. 已知正、负惯性指数均为 1 的二次型 $x^{\mathrm{T}}Ax$ 通过合同变换 $x=Py$ 化为 $y^{\mathrm{T}}By$，其中 $B=$

$$\begin{pmatrix} 1 & 1 & -a \\ 1 & a & -1 \\ -a & -1 & 1 \end{pmatrix},则\ a = \underline{\quad\quad}.$$

7.设 $A = \begin{pmatrix} 1 & 0 & 2 \\ 0 & 2 & 0 \\ 2 & 0 & 1 \end{pmatrix}$,要使 $A + kE$ 是正定矩阵,则 $k$ 的取值范围为 $\underline{\quad\quad}$.

三、解答题

8.设 $A$ 为 $m \times n$ 实矩阵,$E$ 为 $n$ 阶单位矩阵,已知矩阵 $B = \lambda E + A^{\mathrm{T}} A$,试证:当 $\lambda > 0$ 时,矩阵 $B$ 为正定矩阵.

9.设二次型 $f(x_1, x_2, x_3) = x^{\mathrm{T}} A x = a x_1^2 + 2 x_2^2 - 2 x_3^2 + b x_1 x_3 (b > 0)$,其中 $A$ 的特征值之和为 1,特征值之积为 $-12$.

(1)求 $a, b$ 的值;

(2)用正交变换化 $f(x_1, x_2, x_3)$ 为标准形.

10.已知二次型 $f(x_1, x_2, x_3) = (1 - a) x_1^2 + (1 - a) x_2^2 + x_3^2 + 2(1 + a) x_1 x_2$ 的秩为 2.

(1)求 $a$;

(2)作正交变换 $x = Qy$,化 $f(x_1, x_2, x_3)$ 为标准形;

(3)求方程 $f(x_1, x_2, x_3) = 0$ 的解.

## 矩阵的相似对角化 —— 学情测评(A) 答案部分

1.【答案】可以

【解析】由于矩阵 $A$ 为下三角形矩阵,所以特征值为主对角线元素,即矩阵 $A$ 的特征值为 $1, 2, 3$,所以矩阵 $A$ 可以相似对角化.

2.【证明】矩阵 $A$ 的特征值为 $\lambda_1 = 1, \lambda_2 = \lambda_3 = \cdots = \lambda_n = 0$,当 $\lambda_2 = \lambda_3 = \cdots = \lambda_n = 0$ 时,属于特征值 0 的线性无关的特征向量的个数为 $n - R(0E - A) = n - 1$,等于特征值 0 的重数,故矩阵 $A$ 可相似对角化.

3.【答案】3

【解析】$A$ 的特征值为 $1, 1, 3$,所以 $R(A) = 3$.又 $B$ 和 $A$ 相似,则 $R(B) = 3$.

4.【答案】3,1

【解析】$A$ 和 $B$ 相似,则 $\begin{cases} |A| = |B|, \\ \mathrm{tr}(A) = \mathrm{tr}(B), \end{cases}$ 即 $\begin{cases} 2x - 12 = -6y, \\ x + 3 = y + 5, \end{cases}$ 解得 $x = 3, y = 1$.

5.【答案】(C)

【解析】(A) 项,$R(A) = 1, R(B) = 2$,所以 $A$ 和 $B$ 不相似.

(B) 项,$\mathrm{tr}(A) = 6, \mathrm{tr}(B) = 3$,所以 $A$ 和 $B$ 不相似.

(D) 项,$A$ 的特征值为 $1, -2, -3, B$ 的特征值为 $2, -3, -3$,故 $A$ 和 $B$ 不相似.

由排除法可知:只有(C) 项中矩阵 $A$ 和 $B$ 可能相似.事实上,在(C) 项中,$A$ 和 $B$ 的特征值

均为 $1,0,0$,由于 $\boldsymbol{A}$ 和 $\boldsymbol{B}$ 均可相似对角化,也即 $\boldsymbol{A}$ 和 $\boldsymbol{B}$ 均相似于 $\begin{pmatrix} 1 & 0 & 0 \\ 0 & 0 & 0 \\ 0 & 0 & 0 \end{pmatrix}$,故 $\boldsymbol{A}$ 和 $\boldsymbol{B}$ 相似.

故选(C).

6.【答案】(A)

【解析】依题意可得 $\boldsymbol{A}$ 的特征值互不相同,所以矩阵 $\boldsymbol{A}$ 必可相似对角化,则存在可逆矩阵

$\boldsymbol{P}$,使得 $\boldsymbol{P}^{-1}\boldsymbol{A}\boldsymbol{P} = \boldsymbol{\Lambda} = \begin{pmatrix} 0 & & \\ & 1 & \\ & & 2 \end{pmatrix}$. 所以

$$\boldsymbol{P}^{-1}\boldsymbol{B}\boldsymbol{P} = \boldsymbol{P}^{-1}(\boldsymbol{A}^3 - 2\boldsymbol{A}^2)\boldsymbol{P} = \boldsymbol{P}^{-1}\boldsymbol{A}^3\boldsymbol{P} - 2\boldsymbol{P}^{-1}\boldsymbol{A}^2\boldsymbol{P}$$

$$= (\boldsymbol{P}^{-1}\boldsymbol{A}\boldsymbol{P})^3 - 2(\boldsymbol{P}^{-1}\boldsymbol{A}\boldsymbol{P})^2 = \begin{pmatrix} 0 & & \\ & -1 & \\ & & 0 \end{pmatrix},$$

故矩阵 $\boldsymbol{B}$ 与矩阵 $\begin{pmatrix} 0 & & \\ & -1 & \\ & & 0 \end{pmatrix}$ 相似,从而 $R(\boldsymbol{B}) = 1$.

故选(A).

7.【解】(1) 由

$$|\lambda\boldsymbol{E} - \boldsymbol{A}| = \begin{vmatrix} \lambda-3 & -2 & 2 \\ a & \lambda+1 & -a \\ -4 & -2 & \lambda+3 \end{vmatrix} = \begin{vmatrix} \lambda-3 & -2 & 2 \\ a & \lambda+1 & -a \\ -\lambda-1 & 0 & \lambda+1 \end{vmatrix}$$

$$= \begin{vmatrix} \lambda-1 & -2 & 2 \\ 0 & \lambda+1 & -a \\ 0 & 0 & \lambda+1 \end{vmatrix} = (\lambda+1)^2(\lambda-1)$$

得矩阵 $\boldsymbol{A}$ 的特征值为 $\lambda_1 = \lambda_2 = -1, \lambda_3 = 1$.

当 $\lambda_1 = \lambda_2 = -1$ 时,对应的线性无关的特征向量有 2 个,所以 $3 - R(-\boldsymbol{E} - \boldsymbol{A}) = 2$,即

$$-\boldsymbol{E} - \boldsymbol{A} = \begin{pmatrix} -4 & -2 & 2 \\ a & 0 & -a \\ -4 & -2 & 2 \end{pmatrix} \rightarrow \begin{pmatrix} -4 & -2 & 2 \\ a & 0 & -a \\ 0 & 0 & 0 \end{pmatrix} \rightarrow \begin{pmatrix} 1 & \frac{1}{2} & -\frac{1}{2} \\ a & 0 & -a \\ 0 & 0 & 0 \end{pmatrix}$$

的秩为 1,则 $a = 0$.

(2) 由(1)可知,$\boldsymbol{\alpha}_1 = (-1,2,0)^{\mathrm{T}}, \boldsymbol{\alpha}_2 = (1,0,2)^{\mathrm{T}}$ 是特征值 $\lambda_1 = \lambda_2 = -1$ 的两个线性无关的特征向量;当 $\lambda_3 = 1$ 时,由 $(\boldsymbol{E} - \boldsymbol{A})\boldsymbol{x} = \boldsymbol{0}$ 得属于 $\boldsymbol{A}$ 的特征值 $\lambda_3 = 1$ 的特征向量为 $\boldsymbol{\alpha}_3 = (1,0,1)^{\mathrm{T}}$.

令可逆矩阵 $\boldsymbol{P} = (\boldsymbol{\alpha}_1, \boldsymbol{\alpha}_2, \boldsymbol{\alpha}_3) = \begin{pmatrix} -1 & 1 & 1 \\ 2 & 0 & 0 \\ 0 & 2 & 1 \end{pmatrix}$,使得 $\boldsymbol{P}^{-1}\boldsymbol{A}\boldsymbol{P}$ 为对角矩阵.

8.【解】设矩阵 $A$ 对应于 $\alpha_1,\alpha_2,\alpha_3$ 的特征向量分别为 $\lambda_1,\lambda_2,\lambda_3$,则

$$A\alpha_1=\lambda_1\alpha_1,A\alpha_2=\lambda_2\alpha_2,A\alpha_3=\lambda_3\alpha_3,$$

$$\begin{pmatrix} 0 & 2 & -3 \\ a_{21} & a_{22} & a_{23} \\ a_{31} & a_{32} & a_{33} \end{pmatrix}\begin{pmatrix} 2 \\ 1 \\ 0 \end{pmatrix}=\lambda_1\begin{pmatrix} 2 \\ 1 \\ 0 \end{pmatrix},$$

利用第 1 行可得 $\lambda_1=1$.

同理由 $\begin{pmatrix} 0 & 2 & -3 \\ a_{21} & a_{22} & a_{23} \\ a_{31} & a_{32} & a_{33} \end{pmatrix}\begin{pmatrix} -3 \\ 0 \\ 1 \end{pmatrix}=\lambda_2\begin{pmatrix} -3 \\ 0 \\ 1 \end{pmatrix}$,得 $\lambda_2=1$,

再由 $\begin{pmatrix} 0 & 2 & -3 \\ a_{21} & a_{22} & a_{23} \\ a_{31} & a_{32} & a_{33} \end{pmatrix}\begin{pmatrix} -1 \\ -1 \\ 1 \end{pmatrix}=\lambda_3\begin{pmatrix} -1 \\ -1 \\ 1 \end{pmatrix}$,得 $\lambda_3=5$,

则 $A(\alpha_1,\alpha_2,\alpha_3)=(\alpha_1,\alpha_2,\alpha_3)\begin{pmatrix} 1 & & \\ & 1 & \\ & & 5 \end{pmatrix}$,所以

$$A=(\alpha_1,\alpha_2,\alpha_3)\begin{pmatrix} 1 & & \\ & 1 & \\ & & 5 \end{pmatrix}(\alpha_1,\alpha_2,\alpha_3)^{-1}=\begin{pmatrix} 0 & 2 & -3 \\ -1 & 3 & -3 \\ 1 & -2 & 4 \end{pmatrix}.$$

9.【答案】$-1,-1,0$

【解析】因为 $A^2+A=O$,所以矩阵 $A$ 的可能特征值为 $-1,0$,又 $A$ 为 3 阶实对称矩阵且 $R(A)=2$,所以 $A$ 的非零特征值有两个,所以 $A$ 的全部特征值为 $-1,-1,0$.

10.【解】由 $|\lambda E-A|=\begin{vmatrix} \lambda & 0 & 0 & 1 \\ 0 & \lambda & -1 & 0 \\ 0 & -1 & \lambda & 0 \\ 1 & 0 & 0 & \lambda \end{vmatrix}=(\lambda-1)^2(\lambda+1)^2$ 得矩阵 $A$ 的特征值为 $\lambda_1$

$=\lambda_2=1,\lambda_3=\lambda_4=-1$.

当 $\lambda_1=\lambda_2=1$ 时,由 $(E-A)x=0$ 得属于 $A$ 的特征值 $\lambda_1=\lambda_2=1$ 的特征向量为 $\alpha_1=(0,1,1,0)^T,\alpha_2=(-1,0,0,1)^T$,

当 $\lambda_3=\lambda_4=-1$ 时,由 $(-E-A)x=0$ 得属于 $A$ 的特征值 $\lambda_3=\lambda_4=-1$ 的特征向量为 $\alpha_3=(0,-1,1,0)^T,\alpha_4=(1,0,0,1)^T$.

因为 $\alpha_1,\alpha_2,\alpha_3,\alpha_4$ 已经正交,则单位化即可,得

$$\beta_1=\frac{1}{\sqrt{2}}\alpha_1=\frac{1}{\sqrt{2}}(0,1,1,0)^T,\beta_2=\frac{1}{\sqrt{2}}\alpha_2=\frac{1}{\sqrt{2}}(-1,0,0,1)^T,$$

$$\beta_3=\frac{1}{\sqrt{2}}\alpha_3=\frac{1}{\sqrt{2}}(0,-1,1,0)^T,\beta_4=\frac{1}{\sqrt{2}}\alpha_4=\frac{1}{\sqrt{2}}(1,0,0,1)^T,$$

令正交矩阵

$$Q = (\boldsymbol{\beta}_1, \boldsymbol{\beta}_2, \boldsymbol{\beta}_3, \boldsymbol{\beta}_4) = \begin{pmatrix} 0 & -\dfrac{1}{\sqrt{2}} & 0 & \dfrac{1}{\sqrt{2}} \\ \dfrac{1}{\sqrt{2}} & 0 & -\dfrac{1}{\sqrt{2}} & 0 \\ \dfrac{1}{\sqrt{2}} & 0 & \dfrac{1}{\sqrt{2}} & 0 \\ 0 & \dfrac{1}{\sqrt{2}} & 0 & \dfrac{1}{\sqrt{2}} \end{pmatrix}, \boldsymbol{\Lambda} = \begin{pmatrix} 1 & 0 & 0 & 0 \\ 0 & 1 & 0 & 0 \\ 0 & 0 & -1 & 0 \\ 0 & 0 & 0 & -1 \end{pmatrix},$$

则 $Q^{-1}AQ = \boldsymbol{\Lambda}$.

11.【解】(1) 由题意可得 0 是矩阵 $A$ 的二重特征值，又 $\boldsymbol{\alpha}_1 = (1,1,1)^T$ 是 $(A-2E)x = \mathbf{0}$ 的解，则 $(A-2E)\boldsymbol{\alpha}_1 = \mathbf{0}$，即 $A\boldsymbol{\alpha}_1 = 2\boldsymbol{\alpha}_1$，所以 2 是矩阵 $A$ 的特征值，$\boldsymbol{\alpha}_1 = (1,1,1)^T$ 是 $A$ 的属于特征值 2 对应的特征向量. 设 $\boldsymbol{\xi} = (x_1, x_2, x_3)^T$ 是属于矩阵 $A$ 的特征值 0 对应的特征向量，则 $\boldsymbol{\xi}^T \boldsymbol{\alpha}_1 = 0$，即 $x_1 + x_2 + x_3 = 0$，则 $\boldsymbol{\alpha}_2 = (-1,1,0)^T, \boldsymbol{\alpha}_3 = (-1,0,1)^T$ 是属于矩阵 $A$ 的特征值 0 对应的两个线性无关的特征向量. 又 $\boldsymbol{\beta} = (4,1,4)^T = 3\boldsymbol{\alpha}_1 - 2\boldsymbol{\alpha}_2 + \boldsymbol{\alpha}_3$，则

$$A^n\boldsymbol{\beta} = A^n(3\boldsymbol{\alpha}_1 - 2\boldsymbol{\alpha}_2 + \boldsymbol{\alpha}_3) = 3A^n\boldsymbol{\alpha}_1 - 2A^n\boldsymbol{\alpha}_2 + A^n\boldsymbol{\alpha}_3 = 3 \cdot 2^n\boldsymbol{\alpha}_1.$$

(2) 由(1)得存在可逆矩阵 $P$，使得 $P^{-1}AP$ 为对角矩阵 $\boldsymbol{\Lambda} = \begin{pmatrix} 0 & & \\ & 0 & \\ & & 2 \end{pmatrix}$，则 $A = P\boldsymbol{\Lambda}P^{-1}$，

所以 $(A-E)^6 = (P\boldsymbol{\Lambda}P^{-1} - E)^6 = (P(\boldsymbol{\Lambda}-E)P^{-1})^6 = P(\boldsymbol{\Lambda}-E)^6P^{-1} = PP^{-1} = E$.

## 二次型 —— 学情测评(B) 答案部分

### 一、选择题

1.【答案】(C)

【解析】二次型矩阵为实对称矩阵，显然 (A)、(B) 两项不成立. 若二次型 $f$ 可表示为 $f = x^T B x$，其中 $B$ 为实对称矩阵，$x = (x_1, x_2, \cdots, x_n)^T$，则 $B$ 为 $f$ 的矩阵，下面将 $f$ 化为上述形式. 为此，记 $\boldsymbol{\alpha}_i = (a_{i1}, a_{i2}, \cdots, a_{in})(i = 1, 2, \cdots, n)$ 为行向量，$x = (x_1, x_2, \cdots, x_n)^T$ 为列向量，则

$$Ax = \begin{pmatrix} \boldsymbol{\alpha}_1 \\ \boldsymbol{\alpha}_2 \\ \vdots \\ \boldsymbol{\alpha}_n \end{pmatrix} x = \begin{pmatrix} \boldsymbol{\alpha}_1 x \\ \boldsymbol{\alpha}_2 x \\ \vdots \\ \boldsymbol{\alpha}_n x \end{pmatrix}, (Ax)^T = (\boldsymbol{\alpha}_1 x, \boldsymbol{\alpha}_2 x, \cdots, \boldsymbol{\alpha}_n x),$$

故 $f = \sum_{i=1}^{n}(a_{i1}x_1 + a_{i2}x_2 + \cdots + a_{in}x_n)^2 = \sum_{i=1}^{n}(\boldsymbol{\alpha}_i x)^2$

$$= (\boldsymbol{\alpha}_1 x, \boldsymbol{\alpha}_2 x, \cdots, \boldsymbol{\alpha}_n x) \begin{pmatrix} \boldsymbol{\alpha}_1 x \\ \boldsymbol{\alpha}_2 x \\ \vdots \\ \boldsymbol{\alpha}_n x \end{pmatrix} = (Ax)^T Ax = x^T A^T A x.$$

而当 $A$ 为实矩阵时,$A^{\mathrm{T}}A$ 为实对称矩阵,故 $A^{\mathrm{T}}A$ 为 $f$ 的矩阵.

故选(C).

2.【答案】(A)

【解析】由题设知 $A \simeq B$,故 $R(A)=R(B)$,而 $R(A)=2$,从而二次型 $x^{\mathrm{T}}Ax$ 的规范形矩阵的秩为 $2$,即其主对角线上不为零的元素的个数也是 $2$.因而,其规范形只有两项.

又由 $A \simeq B$ 知,$A,B$ 有相同的正、负惯性指数,而矩阵 $B$ 的特征多项式为

$$|\lambda E - B| = \begin{vmatrix} \lambda & 0 & 0 \\ 0 & \lambda-2 & -1 \\ 0 & -1 & \lambda-2 \end{vmatrix} = \lambda(\lambda-1)(\lambda-3).$$

可得 $B$ 的特征值 $\lambda_1=0,\lambda_2=1,\lambda_3=3$,其正惯性指数为 $2$,于是 $x^{\mathrm{T}}Ax$ 的规范形应为 $y_1^2+y_2^2$.

故选(A).

3.【答案】(D)

【解析】对于(D)项,因 $P^{-1}AP$ 正定,故其特征值全大零,而 $A$ 与 $P^{-1}AP$ 相似,其特征值相同,也全大于零,故 $A$ 正定.

故选(D).

4.【答案】(C)

【解析】$A \simeq B$,但 $A$ 与 $B$ 不一定相似.取 $A = \mathrm{diag}(1,2)$,$B = \mathrm{diag}(1,1)$,显然 $A \simeq B$,但 $|A| \neq |B|$,故 $A$ 与 $B$ 不相似.

故选(C).

二、填空题

5.【答案】2

【解析】**方法一**:因正交变换前后两矩阵的迹相等,故 $a+a+a=6+0+0$,得 $a=2$.

**方法二**:因二次型 $f$ 经正交变换化成标准形 $f=6y_1^2$,故 $f$ 所对应的实对称矩阵的特征值应为 $6,0,0$.而 $f$ 的矩阵为

$$A = \begin{pmatrix} a & 2 & 2 \\ 2 & a & 2 \\ 2 & 2 & a \end{pmatrix},$$

由命题"设 $n$ 阶矩阵 $A$ 的主对角线上元素全为 $a$,其余元素全为 $b$,则 $A$ 的 $n$ 个特征值分别为 $\lambda_1 = \lambda_2 = \cdots = \lambda_{n-1} = a-b, \lambda_n = a+(n-1)b$"知,$A$ 的一个特征值为 $a+4$,另一个二重特征值为 $a-2$,于是 $a+4=6$ 或 $a-2=0$.由此都可求得 $a=2$.

6.【答案】2

【解析】两矩阵合同,则其秩必相等,而 $R(A)=1+1=2$,故 $R(B)=2$,从而有 $|B|=(a-1)^2(a+2)$.但当 $a=1$ 时,$R(B)=1$,与题设不符,故 $a=-2$.

事实上,当 $a=-2$ 时,有

$$|\lambda E - B| = \begin{vmatrix} \lambda-1 & -1 & -2 \\ -1 & \lambda+2 & 1 \\ -2 & 1 & \lambda-1 \end{vmatrix} = \lambda(\lambda-3)(\lambda+3),$$

则 $B$ 的特征值为 $0,3,-3$，即 $B$ 的正、负惯性指数均为 $1$，故 $a=-2$.

7.【答案】$k>1$

【解析】由于 $A+kE=\begin{pmatrix} k+1 & 0 & 2 \\ 0 & k+2 & 0 \\ 2 & 0 & k+1 \end{pmatrix}$，并由二次型正定的判定条件可知，

矩阵 $A+kE$ 的各阶顺序主子式全部大于 $0$，联立即有

$$\begin{cases} k+1>0, \\ (k+1)(k+1)>0, \\ |A+kE|=(k+2)\left[(k+1)^2-4\right]>0, \end{cases}$$

解得 $k>1$.

三、解答题

8.【证明】对于 $\forall x \neq 0$，有 $(Ax)^{\mathrm{T}}=x^{\mathrm{T}}A^{\mathrm{T}}$，且 $x^{\mathrm{T}}x>0$，$(Ax)^{\mathrm{T}}Ax=x^{\mathrm{T}}A^{\mathrm{T}}Ax \geqslant 0$，

所以 $x^{\mathrm{T}}Bx=x^{\mathrm{T}}(\lambda E+A^{\mathrm{T}}A)x=\lambda x^{\mathrm{T}}x+x^{\mathrm{T}}A^{\mathrm{T}}Ax=\lambda x^{\mathrm{T}}x+(Ax)^{\mathrm{T}}Ax$.

又 $\lambda>0$，所以 $x^{\mathrm{T}}Bx>0$，故 $B$ 为正定矩阵.

9.【解】(1) 由题知二次型的矩阵 $A=\begin{pmatrix} a & 0 & \dfrac{b}{2} \\ 0 & 2 & 0 \\ \dfrac{b}{2} & 0 & -2 \end{pmatrix}$.

由条件可知，$A$ 的特征值之和为 $1$，即 $a+2+(-2)=1$，解得 $a=1$.

又由特征值之积 $=-12$，即 $|A|=-12$，由

$$|A|=\begin{vmatrix} a & 0 & \dfrac{b}{2} \\ 0 & 2 & 0 \\ \dfrac{b}{2} & 0 & -2 \end{vmatrix}=2\left[-2-\left(\dfrac{b}{2}\right)^2\right],$$

且 $b>0$，解得 $b=4$. 故 $A=\begin{pmatrix} 1 & 0 & 2 \\ 0 & 2 & 0 \\ 2 & 0 & -2 \end{pmatrix}$.

(2) 由 $|\lambda E-A|=\begin{vmatrix} \lambda-1 & 0 & -2 \\ 0 & \lambda-2 & 0 \\ -2 & 0 & \lambda+2 \end{vmatrix}=(\lambda-2)^2(\lambda+3)=0$ 得矩阵 $A$ 的特征值分别

为 $2$（二重）和 $-3$（一重）.

当 $\lambda=2$ 时，求其两个相互正交的单位特征向量，即 $(A-2E)x=0$ 的非零解.

由 $A-2E=\begin{pmatrix} -1 & 0 & 2 \\ 0 & 0 & 0 \\ 2 & 0 & -4 \end{pmatrix} \rightarrow \begin{pmatrix} 1 & 0 & -2 \\ 0 & 0 & 0 \\ 0 & 0 & 0 \end{pmatrix}$ 得 $(A-2E)x=0 \Leftrightarrow x_1-2x_3=0$，则其基础

解系为 $\boldsymbol{\eta}_1=(0,1,0)^{\mathrm{T}},\boldsymbol{\eta}_2=(2,0,1)^{\mathrm{T}}$. 经施密特正交化、单位化得 $\boldsymbol{\alpha}_1=\boldsymbol{\eta}_1,\boldsymbol{\alpha}_2=\left(\dfrac{2}{\sqrt5},0,\dfrac{1}{\sqrt5}\right)^{\mathrm{T}}$.

当 $\lambda=3$ 时,得特征向量 $\boldsymbol{\eta}_3=(1,0,-2)^{\mathrm{T}}$,易知其和 $\boldsymbol{\eta}_1,\boldsymbol{\eta}_2$ 都正交,单位化得

$\boldsymbol{\alpha}_3=\left(\dfrac{1}{\sqrt5},0,\dfrac{-2}{\sqrt5}\right)$.

取正交矩阵 $\boldsymbol{Q}=(\boldsymbol{\alpha}_1,\boldsymbol{\alpha}_2,\boldsymbol{\alpha}_3)$,则 $\boldsymbol{Q}^{\mathrm{T}}\boldsymbol{A}\boldsymbol{Q}=\begin{pmatrix}2&0&0\\0&2&0\\0&0&-3\end{pmatrix}$.

故作正交变换 $\boldsymbol{x}=\boldsymbol{Q}\boldsymbol{y}$,则 $f$ 化为二次型 $f=2y_1^2+2y_2^2-3y_3^2$.

10.【解】(1) 此二次型的矩阵为 $\boldsymbol{A}=\begin{pmatrix}1-a&1+a&0\\1+a&1-a&0\\0&0&1\end{pmatrix}$,则 $R(\boldsymbol{A})=2$,即 $|\boldsymbol{A}|=0$.

求得 $|\boldsymbol{A}|=-4a$,得 $a=0$,故 $\boldsymbol{A}=\begin{pmatrix}1&1&0\\1&1&0\\0&0&1\end{pmatrix}$.

(2) 由 $|\lambda\boldsymbol{E}-\boldsymbol{A}|=\begin{vmatrix}\lambda-1&-1&0\\-1&\lambda-1&0\\0&0&\lambda-1\end{vmatrix}=\lambda(\lambda-1)(\lambda-2)$ 得 $\boldsymbol{A}$ 的特征值为 $0,1,2$.

当 $\lambda=2$ 时,求其特征向量:$\boldsymbol{A}-2\boldsymbol{E}=\begin{pmatrix}-1&1&0\\1&-1&0\\0&0&-1\end{pmatrix}\rightarrow\begin{pmatrix}1&-1&0\\0&0&1\\0&0&0\end{pmatrix}$,得 $(\boldsymbol{A}-2\boldsymbol{E})\boldsymbol{x}=$

$\boldsymbol{0}$ 的基础解系 $\boldsymbol{\eta}_1=(1,1,0)^{\mathrm{T}}$,单位化得:$\boldsymbol{\alpha}_1=\left(\dfrac{\sqrt2}{2},\dfrac{\sqrt2}{2},0\right)^{\mathrm{T}}$.

当 $\lambda=1$ 时,求其特征向量:$\boldsymbol{A}-\boldsymbol{E}=\begin{pmatrix}0&1&0\\1&0&0\\0&0&0\end{pmatrix}\rightarrow\begin{pmatrix}1&0&0\\0&1&0\\0&0&0\end{pmatrix}$,得 $(\boldsymbol{A}-\boldsymbol{E})\boldsymbol{x}=\boldsymbol{0}$ 的基础解

系 $\boldsymbol{\eta}_2=(0,0,1)^{\mathrm{T}}$,单位化得:$\boldsymbol{\alpha}_2=\boldsymbol{\eta}_2$.

当 $\lambda=0$ 时,求其特征向量:$\boldsymbol{A}-0\boldsymbol{E}=\begin{pmatrix}1&1&0\\1&1&0\\0&0&1\end{pmatrix}\rightarrow\begin{pmatrix}1&1&0\\0&0&1\\0&0&0\end{pmatrix}$,得 $(\boldsymbol{A}-0\boldsymbol{E})\boldsymbol{x}=\boldsymbol{0}$ 的基础

解系 $\boldsymbol{\eta}_3=(-1,1,0)^{\mathrm{T}}$,单位化得:$\boldsymbol{\alpha}_3=\left(-\dfrac{\sqrt2}{2},\dfrac{\sqrt2}{2},0\right)^{\mathrm{T}}$.

取正交矩阵 $\boldsymbol{Q}=(\boldsymbol{\alpha}_1,\boldsymbol{\alpha}_2,\boldsymbol{\alpha}_3)$,则 $\boldsymbol{Q}^{\mathrm{T}}\boldsymbol{A}\boldsymbol{Q}=\begin{pmatrix}2&0&0\\0&1&0\\0&0&0\end{pmatrix}$.

作正交变换 $\boldsymbol{x}=\boldsymbol{Q}\boldsymbol{y}$,化 $f(x_1,x_2,x_3)$ 为二次型 $f=2y_1^2+y_2^2$.

(3) $f(x_1,x_2,x_3)=x_1^2+x_2^2+x_3^2+2x_1x_2=(x_1+x_2)^2+x_3^2$.

故 $f(x_1, x_2, x_3) = 0 \Leftrightarrow \begin{cases} x_1 + x_2 = 0, \\ x_3 = 0, \end{cases}$

求得通解为：$x = k \begin{pmatrix} 1 \\ -1 \\ 0 \end{pmatrix}$, $k$ 为任意实数.